정말 쉬운
수학책

2
문자와 식 ❶

[읽다보면 어느새 수학의 도사가 되는]

중·고생을 위한

2
문자와 식 ①

정말 쉬운 수학책

이진우 지음 | 계영희 감수 | 오영 그림

살림Math

수학에 한 맺힌 학생들을 위하여

시중에는 이미 적어도 백 권의 '수학참고서'와 적어도 열 권의 수학에 '관련된' 참고서가 나와 있다. 현란한 그림에 다양한 캐릭터를 등장시킨 수학참고서를 보고 학생들은 내용도 확인하지 않은 채, 그 책들이 자신의 수학 점수를 보장할 것이라는 확신으로 '소유욕'을 채우곤 한다. 한편 적당히 교양 있는 문제와 단아한 삽화의 수학 관련 교양서적은 아들딸의 수학 점수를 걱정하시는 부모님의 손을 거쳐 친애하는 자식에게 전달되어진다. 그러나 이런 수학참고서나 교양서적들이 안타깝게도 여고생이 즐겨보는 만화책보다도 훨씬 적은 양의 관심을 받으며 책꽂이에 조용히 보관 되어 진다.

현실이 이러함에도 불구하고 방학마다 늘 새로운 또 한 권의 수학책은 대형서점 한편에 어김없이 등장한다. 이러한 수학의 홍

수 속에서 나는 왜 101번째 수학책을 써야하는지 어느 정도 변명을 해야 할 것 같다. 수학이란 과목은 투자한 시간에 비해 점수가 안 오르는 대표적인 과목이다. 학생들은 이런저런 노력을 기울이다가 결국 기초가 부족하다는 것을 깨닫고 좌절하지만, 이때는 이미 학년이 너무 높아진 다음이다. 큰 결심을 하고 처음부터 공부를 다시 시작해보아도 실타래처럼 얽힌 수학의 구조 때문에 어디서부터 손을 대야할지 몰라 힘들어한다.

　보통의 많은 책들은 학생들이 정상적인 단계를 밟아 초등학교 때부터 차근차근 공부를 해왔다는 것을 믿고 만들어졌다. 따라서 기본적인 내용은 가볍게 언급만 하고 좀더 새롭고 좀더 발전된 문제를 소개하는 쪽에 중심을 둔다. 그러나 패스나 드리블은 당연히 할 수 있다는 전제 하에 전술훈련에 뛰어든 학생들이 사실은 패스를 못해서 경기를 망치는 예를 너무나 많이 보아온 나로서는 새로운 교본이 절실히 필요했다. 그들에게 당장 필요한 것은 고급기술이 아닌 기초란 것을 깨달았다. 그래서 나는 기초가 약한 고등학생과 처음부터 기본기를 다지려는 중2 중3 수준의 학생을 위해 가급적 수식을 배제한 기본서를 만들어 주기로 결심한 것이다. 이런 목적을 위해서는 기존의 교과서를 학년별로 볼 것이 아니라 단원별로 잘라서 다시 만들어 주는 것이 필요했고 이 책은 그 시리즈 중 두 번째 책이다.

결과적으로 이 책은 당연히 쉬운 글로 쓰여질 것이고 적당히 비유도 섞어서 설명할 것이다. 성경에 나오는 위대한 문장을 인용해 본다면, 몸이 건강한 사람에게는 병원도 필요 없고 의사도 필요 없다. 물론 예방 차원이나 웰빙 차원에서 병원을 찾는 사람들도 있긴 하지만 의사의 역할은 뭐니 뭐니 해도 고통 받는 환자를 치료하는 것이다. 독자 여러분들의 답답한 마음을 치료해주는 데 조금이라도 도움을 주겠다.

적지 않은 노력으로 긴 시간 투자하고 있는 이 책이 쉽게 쓰여진 문장 때문에 행여 수준 없는 책으로 오해받지 않겠냐는 친구의 지적이 있었다. 그러나 어차피 병원에 오는 것은 환자이지 건강한 사람은 아니라는 나의 결론 때문에 이 책은 끝까지 쉬운 서술을 버리지 않을 것이다. 다만 환자와 함께 병원에 올지 모를 건강한 보호자를 위하여 요소요소에 꽤 수준 있는 대수학 이야기도 삽입할 것이다. 그렇다고 이러한 시도가 이 책의 색깔을 포기하는 것은 아니다. 흰색에 빨강을 섞어 분홍을 만드는 어중간한 서술이 아닌, 흰 바탕에 빨간 점을 찍어주는 개성있는 방법을 유지한다는 뜻이다.

이 책을 읽고 단 한 명이라도 수학의 기본을 바로 잡을 수 있다면 나는 나의 노력에 만족할 것 같다. 나의 바람이 이루어지길 기도한다.

— 2007 가을. 이진우

차례

읽다보면 어느새 수학의 도사가 되는 **정말 쉬운 수학책 2**

I

좁은 곳에서 넓은 곳으로

문자와 식의 등장

다항식을 나누는 인수분해

I
좁은 곳에서
넓은 곳으로

$(-) \times (-) = (+)$

I

문명이 없던 시절엔
무엇을 어떻게 표현했나?

새천년을 알리는 2000년이 넘어선 지금이라도 우리가 비행기를 타고 가다가 태평양 바다 한가운데에 추락을 한다면? 우리의 삶은 생존을 위해 만 오천 년 전, 구석기 시대의 모습을 재현할 수밖에 없음을 경고하는 영화 〈캐스트 어웨이(Cast Away)〉가 상영된 적이 있다.

영화의 줄거리는 다음과 같다. 약혼녀와 사랑의 징표인 목걸이를 주고받으며, 애틋한 이별을 하면서 택배회사의 직원 톰 크루즈는 비행기에 올라탔다. 임무를 마치고 돌아가면 달콤한 결혼이 기다리는 꿈을 꾸다가 그만 예기치 못하는 상황에 처박히고 만다. 핸드폰과 무전기의 힘도 무기력해진 무인도에 혼자서만 표류하게 된 것이다. 처음엔 당황하였고, 그 다음엔 분노가 치밀었지만 아무런 도움도 받을 수 없고, 홀로 생존해야만 하는 극한 상황에 처하게 되었다. 사진으로 보던 낭만과 즐거움의 표상인 아름답고 푸른 태평양 바다는 한두 시간 만에 두려움과 공포의 대상이 되어버렸다. 현대판 로빈슨 크루소 스토리가 전개되는 것이었다.

주인공이 맨 처음 한 일은 무엇이었을까? 우선 목마름과 배고픔을 느끼자 야자열매를 따고, 비를 피하기 위해 동굴을 숙소로 만든다. 단벌인 옷을 찢어서 생활에 필요한 물건으로 재활용을 하면서 물고기를 잡고, 그걸 익혀 먹으려고 햇빛을 이용하여 불을 만든다. 배고픔이 충족되니까 외로움과 두려움이 몰려왔다. 그는 비행기 추락 때 함께 떨어진 배구공을 친구로 삼는다. 배구공에게 자기의 속내를 말하면서 정신적으로 의지해가기 시작한다. 그리고 달의 모양과 밀물, 썰물을 관찰하면서 그것을 동굴의 벽에 기록하기 시작한다. 혼자 뗏목을 만들어서 무인도 탈출을 시도하지만 여러 번 실패한다. 그러나 험한 파도 가운데서 정신을 잃고 표류하던 그가 마침내 미국 군함에 발견되어 상황은 다시 한번 반전이 된다. 풍요로운 21세기 문명의 품으로 안기게 된 것이다.

문명사회의 인간에서 갑자기 구석기의 인간으로 돌아가게 되었고, 또다시 수년간 구석기의 인간으로 생존하다가 타임머신을 타고 21세기 문명사회에 놓인 한 인간의 모습을 묘사하고 있다. 늑대의 젖을 먹고 자란 늑대 인간처럼 문명사회는 그에게 생각지 못한 혼란스러움을 또 안겨주고 만다. 이 영화는 구석기 시대 우리 인류의 조상이 생존하기 위해 식량을 얻고, 불을 발견하고, 또 하늘을 보면서 달을 관찰하며 기록해가는 인간의 원초적인 생존본능을 잘 보여주고 있다. 그는 동굴에 날짜를 기록하면서 무인도 탈출의 날을 계산하고 있었지만, 구석기 시대의 우리 조상들은 무엇을 어떻게 기록하였을까?

　　현재 구석기 동굴의 벽화로 유명한 스페인의 알타미라 동굴, 라스코 동굴의 벽화는 너무나도 사실적인 수법이 뛰어나서 처음 발견되었을 때 위작이 아닌가하고 의심을 할 정도였다고 한다. 구석기인들은 왜 사실적으로 그림을 그릴 수 있었을까? 그것은 그들이 현실과 가상의 세계를 구별하지 못하였기 때문이다. 구석기인들은 동굴 벽에 짐승을 그리고 짐승의 이미지를 죽이는 종교적인 의식을 행하였다. 왜냐하면 이런 의식을 한 후에 사냥을 나가면 동물을 잘 잡는다는 믿음을 가졌기 때문이었다. 즉, 현실과 가상의 세계를 자유롭게 넘나든 것이었다. 그들은 동물을 잡을 때 사용하는 도구를 악기 삼아 떼를 지어 춤을 추며 에너지를 발산하였고, 사냥할 때 두려움 없이 이길 것을 다짐하면서 동작을 반복 또 반복하였다. 인터넷 게임에 중독된 청소년 들처럼……. 동굴의 벽화에 그려진 들소의 이미지에 박혀 있는 수많은 창으로 찌른 자국이 그 증거이다.

그러나 빙하기가 끝나는 1만 년 전, 떠돌아다니던 인류는 기후가 온난한 지역에 정착하면서 목축과 농경의 신석기 생활을 하기 시작한다. 그러자 사실적으로 그리던 구석기 벽화의 묘사법은 퇴조하기 시작했다. 농업혁명으로 재산을 모으기 시작하면서 추상적인 개념이 일상생활에 뿌리내리게 된다. 생활에 필요한 숫자와 측량술이 발생하기 시작하면서 그림은 추상적으로 변해가는 것이었다. 부와 권력은 수학을 만들게 하였고, 또 부와 권력을 유지하기 위해서 수학은 반드시 필요한 것이었다. 고대 이집트의 산술과 측량술이 이를 입증하고 있지 않은가?

1 익숙한 길에서 생소한 길로
- 수학의 지도

수학 때문에 힘든 학생들은 실낱같은 희망으로 주변의 고수에게 비법을 물어본다. 그리고 고수들의 대답은 두 가지 중에 하나이다. "기본이 안 되서 그렇다.", "문제를 많이 풀어라." 이 말은 정확히 맞는 말이다. 수학과 교수님들도 대체로 동의하시는 것 같다. 따라서 자신이 느끼기에 노력은 남들만큼 했다는 친구들이 유일하게 할 수 있는 방법은 기본으로 돌아가는 것이다. 하지만 안타깝게도 많은 학생들이 이 말의 참뜻을 이해하지 못 한다. 기본으로 돌아가라는 말은 책의 첫 페이지로 돌아가라는 말과는 전혀 다르다!! 많은 수학책이 집합과 명제만 새까맣고, 많은 국사책은 청동기 시대에만 밑줄이 그어 있나. 많은 교훈서가 첫

장만 너덜거리고, 많은 성경책은 창세기만 밑줄 쳐 있다. 그리고 그들은 일 년을 주기로 혹은 한 학기를 주기로 자신의 의지를 한탄하며 똑같은 일에 똑같이 도전한다. 하지만, 작년과 그리 달라지지 않은 '나'의 태도는 좌절만을 안겨줄 뿐이다. 도대체 무엇이 문제일까?

부모님께서 보시는 운전자용 지도를 본적이 있는가? 운전용 지도는 지역별로 한 장씩 총 백여 장으로 구성되어있다. 하지만 운전을 잘하고 싶다고 그 지도를 모두 볼 필요는 없다. 지금 당장 내가 서울대학교를 찾아가려 하는데, 관계없는 지도의 첫 장을 열어본들 무슨 도움이 되겠는가? 이럴 때 내가 해야 할 일은 서울시 전체지도에서 목적지의 위치를 파악하는 것이다. 그곳이 신림동이라는 것을 알아낸 다음으로 할 일은 이제 관악구 혹은 신림동의 지도가 표시된 쪽만 열어서 조금 더 자세한 지도를 보면 되는 것이다. 그리고 지도를 보고 목적지 근처에 도착했으면, 마지막으로 지나가는 행인에게 한 번 더 길을 물어보는 것이다. (관악구민들은 대체로 친절하다.) 여러분은 기본으로 돌아갈 때 이렇게 하고 있는가?

우리가 어떤 개념을 이해하지 못 할 때, 혹은 어떤 문제를 풀지 못할 때, 책의 첫 페이지로 돌아가는 것은 별 의미가 없다. 오히려 자신이 풀려는 문제가 대충 어느 동네인지 파악하고, 그 동네 핵심내용을 살펴본 후, 관련 있는 초등학교 책의 어딘가를 뒤져서라도 뼈대를 잡아두는 것이 기본으로 돌아가는 것이다. 그리고 나는 여러분이 초등학교 교과서를 다시 구입해야 하는 번거로움과 그에 수반되는 약간의 부끄러움을 덜어주기 위해 연관된 개념만을 모아서 여러분을 돕는 것이다. 대충 큰 흐름이 잡히면 그때는 친구나 선생님의 말이 서서히 들리게 된다. 무섭고 잔인해 보이던 수학 선생님이 친절한 관악구민으로 보일 것이다.

"서울대를 갈 때 한길만 다니는 건 아니잖아요. 이길 저길 다녀야지……." 성급한 친구의 항의성 질문이다. 급한 마음은 이해가 되지만 그러나 일단 하나의 길부터 확실하게 알아 두는 게 좋다. 같은 길을 자주 왕복하다 보면 다른 길을 몰라도 그 길 하나만은 전문가가 된다. 그러다 보면 조금씩 여유가 생기고, 어느 시간이 막히는지 그릴 땐 어디로 돌아가는 게 좋은지도 슬슬 눈에 들어온다. 그러면서 이제는 '서울대'로 가는 길 뿐만 아니라 '서울역'으로 가는 길도 궁금해진다. 그때 시야가 넓어지는 것처럼 수학도 마찬가지다. 전체지도를 파악한 후, 좁은 범위의 어떤 주제를 하나씩 해결하고 반복하다 보면 다른 영역은 몰라도 그 주제에는 눈이 뜨인다. 일단 하나의 길이 완성되면 두 번째 길을 개척하는 데는 시간과 노력이 상당히 줄어든다. 그러다 보면 전체지도가 점점 윤곽이 잡히고 어느 수준부터는

낯선 수학 질문에 정확한 위치는 몰라도 방향정도는 감을 잡는 능력이 생긴다. 그러다가 어느 순간 전체지도를 보면 모르는 길보다 아는 길이 많아졌다는 것에 자신이 생기고 수학이 재미있어진다.

따라서 가끔은 수학의 숲에서 빠져나와 큰 그림을 보는 일이 필요하다. 항공사진도 찍고, 높은 곳에서 내려다보고, 그러다가 숲으로 되돌아가면 전과는 다른 안목으로 나무를 보게 된다. 전에는 안보이던 새 길도 개척할 수 있다. 그러면서 내 머릿속의 좁은 공간 안에 수학이라는 거대한 숲이 점점 들어오게 된다. 이것이 내가 권하는 수학을 알아가는 진정한 비법이다.

문자와 식이라는 도로는 이 책 전체를 통해서 매우 여러 번 왕복을 할 터이니, 오늘은 수학특별시의 전체지도를 간단하게 살펴보는 시간을 갖도록 하자. 학생들은 잘 인식하지 못했겠지만 수학특별시는 10개 정도의 서로 다른 구(區)로 이루어져 있다. (마치 공통과학 교과서가 사실은 4과목을 포함하듯이.) 각 구의 특징을 간단하게 살펴보면 다음과 같다.

- **수 체계** : 수학의 근원이자 뿌리이다. 수학특별시의 한 가운데를 차지하고 있으며 최초의 수학이라는 자부심이 넘쳐나는 지역이다. 고등학교 수학에서는 그 빈도가 떨어지지만 역사의 주인공이라는 이유로 타지역 주민들에게도 많은 영향력을 행사한다. 자연수, 정수, 유리수, 무리수, 실수 동(洞)으로 구성되어 있고 유리수 지역과 무리수 지역은 상호 간에 왕래가 없기로 유명하다. 최근에 복소수동이 탄생하여 비약적인 발전을 거듭하고 있다.

- **문자와 식** : 초등학생은 거의 살지 않고 중학생 이상만

모여 있는 지역이다. 간혹 수 체계 지역의 초등학생이 흘러들어오기도 하나 새로운 세계에 적응하지 못하고 금세 돌아간다. 수천 년간 통일된 기호 없이 유랑생활을 하던 문자 구(區)의 주민들은 1600년 무렵부터 수 체계의 인근 지역에 자리를 잡고 확실한 2인자로 성장했다. 이 지역 최고의 특산품은 방정식이며 "방정식 없이 수학도 없다."라는 구호로 수학시 전 지역으로 방정식을 수출한다. 곱셈공식, 인수분해 등이 살고 있다.

🌑 **집합과 논리** : 큰 스타는 없으나 수학특별시 전 지역에 논리적 사고라는 소프트웨어를 판매함으로써 무시할 수 없는 위치를 차지한다. 수학 전공자들에게는 칸토어 집합이나, 러셀의 패러독스 같은 황당무계한 공격을 거침없이 자행하지만, 나이 어린 학생들에겐 한없이 친절해서 모든 중고생의 친구가 된다.

🌑 **행렬** : 원래 연립방정식에 붙어살았으나, 최근 급격한 발전을 보이며 독립했다. 이제는 연립방정식과의 관계보다도 행렬 그 자체를 보기 위해 사람이 모일 정도로 거대한 힘을 발휘한다. 한때, 이과생들을 대상으로 '일

차변환' 특구까지 거느릴 정도로 성장했으나, 일차변환이 통폐합되어 주민의 수가 다소 감소했다. 덧셈, 뺄셈 같은 소박한 주민들이 모여 살아 고교생들에게 인기가 많으나 가끔 케일리나 해밀턴 같은 악당이 출몰하기도 한다.

⊙ **함수** : 가장 오래된 수학적 사고방식이지만 가장 최근에서야 학문으로 인정을 받았다. 함수가 수학특별시에 들어오게 된 것은 독일의 수학자 클라인의 공이 컸으며 그 후 현대 수학의 기본적인 도구로써 많은 활동을 한다. 일차함수, 이차함수, 유리함수, 무리함수 등이 살고 있고 '함수의 활용' 지역은 학생들이 가장 꺼리는 마을이다.

⊙ **미분적분** : 정적이고 고요한 세계에 증기기관차의 발명은 큰 변화를 일으켰다. 어느 순간부터인지 사람들은 속도라는 것에 열광하게 되었고, 속도를 가장 잘 다루는 미적분 구(區) 주민들은 수학특별시의 신흥강호로 떠올랐다. 한때, 수학특별시의 최고 노른자위로까지 불렸던 이 지역은 교육부의 문과생 미적분 금지 정책으로

지금은 그 지위가 다소 약해졌다.

😊 **수열** : 함수와 미적분에 얽혀 해석학의 영역에 속하나 학교수학에서는 독자적인 지위를 차지한다. 영재들을 대상으로한 수학교육이나, IQ테스트에 흔히 등장하기 때문에 이 지역 주민들은 대체로 반짝반짝하는 아이디어를 잘 만들어낸다. 그림을 동반한 무한등비급수가 지역 최고의 상품이다. 등차수열, 등비수열, 각종 계차수열, 기타 잡수열 등이 다양하게 섞여 살고 있다.

😊 **도형 I** : 수 체계와 더불어 수학특별시의 가장 오래된 마을이다. 2천 년간 세계 수학의 반을 지배했을 정도로 거대한 이 지역은 유클리드라는 걸출한 스타 한 명이 먹여 살린다 해도 과언이 아니다. 중학생을 대상으로 원의 여러 가지 성질을 강의하기도 하고, 혹은 다양한 증명 방법을 일깨워주기도 하는 유서 깊은 마을이지만 최근 현대 수학의 흐름에 밀려 그 세력이 많이 약화되었다. "유클리드 Must Go", "유클리드 Go Home!" 등의 문구를 들고 시위를 하는 사람들이 끊이질 않으나 역사속의 공헌도와 논증능력 배양이라는 점을 인정받

아 학교수학에서도 꾸준히 명맥을 유지한다.

- ❂ **도형 Ⅱ** : 수직선이 등장하면서 지역이 형성되었다. 본래 도형 Ⅰ에 종속된 영역이었으나, 데카르트라는 또 다른 스타가 자신의 기하학을 유클리드로부터 독립시켰다. 원과 직선이 터줏대감으로 지위를 유지하고 있고, 포물선 타원 쌍곡선 등이 전입과 전출을 반복한다. 함수지역이나 미적분지역과 각별한 관계를 맺고 있으며, 일반인의 눈에는 도형 Ⅰ 주민과의 구별이 쉽지 않아 가끔 혼란을 주기도 한다.

- ❂ **이과도형** : 이차곡선, 공간도형, 벡터 등이 모여 산다. 도형 Ⅰ, Ⅱ와 깊은 관련을 맺고 있고 선형대수학이라는 이름으로 행렬과도 왕래가 잦다.

- ❂ **조합과 확률, 통계** : 이지역의 주민들은 숫자카드 나열을 좋아하며, 웃옷과 아래옷을 매치시키는데 신경을 쓴다. 테이블에 앉을 때도 자신들만의 규칙을 지켜 앉으며, 줄서기를 몹시 좋아한다. 로또 당첨률이 타지역에 비해 월등히 높으며 게임 이론에도 밝다. 본래 조합 동(洞)과 확률 동(洞)은 상당히 먼 마을이었으나 조합동의 이주

민이 대거 확률동으로 넘어들어와 지금은 두 지역간의 구분이 모호하다. 통계동에는 이항분포와 정규분포가 살고 있다.

이중 우리가 이 책에서 다룰 내용은 '문자와 식' 부분이다. 문자와 식 단원은 크게 문자를 다루는 방법과 방정식을 푸는 원리로 구성되어 있다. 이중 방정식은 거의 대부분의 수학문제가 "무엇 무엇을 구하여라"로 끝나는 만큼 응용빈도가 높은 영역이다. 자체의 중요성도 있지만, 다른 영역을 해결하는 도구로써의 역할은 가히 절대적이다. 따라서 문자와 식을 잘 다루지 못하면 다 잡은 아이디어를 수학적으로 옮길 수 없기 때문에 수학이 한계에 부딪히게 된다. 이 책은 Ⅱ단원에서 문자와 식의 기본을 설명하고, Ⅲ단원에서는 인수분해의 방법을 알려준다. 이어지는 3권에서 방정식의 여러가지를 살펴봄으로써 책의 목표를 달성하게 된다. 아무쪼록 수학특별시라는 거대한 도시, 그 중에서도 기본이 되는 방정식이라는 큰 마을이 어떻게 이루어져 있는지 그 흐름을 놓치지 않고 꽉 붙집이 가기 바라며 책의 마

지막 페이지에 다다랐을 때 식을 다루는 안목이 크게 열려
수학으로 답답했던 여러분의 마음에 시원한 바람이 불어오
길 바란다.

2 생활 속에 담긴 수학
- 방정식 풀이와 문자와 식

1권의 수학여행은 힘들고 긴 여정이었지만 모두들 무사히 마친 것을 축하한다. 충분한 휴식들은 취하셨는지…….
1권으로 수에 대한 자신감을 획득한 후 오랜만의 시작이고, 혹은 큰맘 먹고 새 책을 사온 직후니까 뭔가 의욕에 넘치면서 으싸으싸 빨리 공부를 하고 싶은 생각이 넘치리라. 그 마음 그대로 담아서 책의 끝까지 가주기를 바란다. 행여 지쳐 쓰러지게 되더라도 우리가 몹시 정상적인 존재라는 것에 감사하고 며칠 쉬었다가 다시 일어서자. 오뚝이 같은 자세로 우리의 두 번째 여행을 힘차게 출발해 본다.

오랜만에 (혹은 처음) 만났으니, 서먹한 분위기도 깰 겸, 우리 주변에 숨어 있는 간단하지만 중요한 수학을 하나 소개하겠다.

벌써 본격적인 훈련에 들어가는 것은 좀 미안한 일이니까 이 책에 전반적으로 흐르는 내용과 제법 수준 있는 대수학의 이야기를 결합하여 스토리를 꾸며 보았다. 가벼운 마음으로 읽어보자.

지하철 2호선 노선도이다. 역이 왜 6개뿐이냐고? 문제를 간단히 하기 위해서 역의 수를 대폭 줄였다. 독특한 취미를 가진 우리의 수학자 진우는 ⑥번역에 살고 있다. 월요일에는 ⑥번역에서 승차하여 한 정거장을 가서 내리고, 또 한 정거장 가서 내려 역도 구경하고 사람들도 둘러보는 게

이 기차는 왜 이렇게 빙빙 돌기만 하지?

할아버지, 순환 기차라서 그래요.

그의 취미이다. 그러니까 ⑥ → ① → ② → ③ 이런 식으로 지하철 여행을 즐긴다. 독특한 수학자인 그는 이런 취미 생활이 단순해지는 것을 막기 위하여 매일 약간의 변화를 준다. 화요일에는 두 정거장을 가서 내리는 것을 규칙으로 하고 수요일에는 세 정거장 가서 내리는 것을 규칙으로 한다. 즉, 화요일에는 ⑥ → ② → ④ → ⑥이 되고 수요일은 ⑥ → ③ → ⑥ 이다. 목요일은 물론 네 정거장씩이다. 그런데 목요일엔 작은 문제가 생겼다. 첫 바퀴를 돌 때 자기 집을 통과해 버리는 것이다. 네 정거장씩 이동을 하다 보니, ⑥ → ④ → ②가 되어 ⑥을 지나쳐 버렸다. 따라서 목요일에는 두 바퀴를 돌아야 집에 올수 있다!

그럼 여기서 몸 풀기 문제를 하나 풀어보자. 수학자 진우가 모든 역을 다 둘러볼 수 있는 요일은 어느 요일과 어느 요일일까? 단, 토요일은 한번에 여섯 정거장을 가서 내리고, 일요일은 쉰다. 정답은? 월요과 금요일이다. 자, 이제 이 대목에서 조금 더 어려운 문제를 하나 풀어보자. 왜 월요일과 금요일을 제외한 다른 요일은 모든 역을 둘러볼 수 없을까? 답을 보지 말고 잠시 멈춰서 생각을 해 보도록……

딱 꼬집어 뭐라 말할 순 없지만 알 듯 말 듯한 느낌, 그 느낌이 들면 성공한 것이다. 답은 최대공약수 때문이다. 예를 들어 목요일을 보자. 정류장은 총 여섯 개인데 내리는 간격은 4이다. 이 상황에서는 네 정거장씩 가므로 홀수 정거장에는 절대 내리지 못한다. 그런데 이 때 6과 4의 최대공약수는 2이다. 금요일은 어떨까? 연습장에 노선도를 그려 관찰해보면 모든 역을 다 들른다는 것을 알 수 있다. 그런데 6과 5의 최대공약수는 얼마인가? 1이다.

모든 요일에 대해 스스로 따져 보라고 권하고 싶지만 첫날임을 감안하여 같이 생각해보면~

월요일의 1은 6과의 최대공약수가 1이다.

금요일의 5도 6과의 최대공약수가 1이다.

화, 수, 목, 토요일은 6과의 최대공약수가 1이 아니다.

이유는 정확히 알 수는 없지만 어쨌든 최대 공약수가 1인 경우에만 모든 역을 관람할 수 있고, 그 외의 경우는 듬성듬성이라는 '감'이 오면 일단 성공이다.

참고로, 금요일에 내리는 역을 순서대로 써보면 ⑥ → ⑤ → ④ → ③ → ② → ① 이다. 마치 반대방향으로 한 칸씩 도는 것 같다. 그래서 이 지하철 2호선의 수학에서는 5가 -1처럼 보인다. 역이 6개이고 '하나 모자란' 5가 -1의 역할을 하는 것은 어찌 보면 당연하다.

현대의 수학자들은 겉보기에는 전혀 수학 같지 않은 일에 몰두하는 경우가 있다. 지하철 2호선의 수학도 그 중의 대표적인 문제인데, 수학과에서 한 학기는 배워야할 내용들이 저 뒤에 잔뜩 숨어있다. 현대 수학의 보물창고라고나 할까? 그런데 이 방대한 현대 수학의 시초는 어디였을까? 바로 이 책의 주제인 방정식 풀이다. 그래서 문자와 방정식을 다루는 대수의 세계에 첫발을 디딘 여러분을 위해 첫 머리에 지하철 수학을 소개해 보았다. 짧게는 수백 년, 길게는 수천 년 된 방정식들이 현대 대수학의 기초를 이루고 있다. 그리고 그 과정에서 문자와 식은 필연적으로 공부하고 연구해야 할 과제이다. (그래서 이 책의 핵심과제 두 가지는 문자와 식 그리고 방정식이다.)

아~ 한걸음을 갔으니 천릿길도 갈 수 있을 것 같다. 잠깐 쉬고 다음의 이야기로 다시 출발하자.

일상생활에서 만나는 수학 냄새가 나시 않는 수학은 또

뭐가 있을까? 지하철 2호선과 핵심 아이디어가 비슷한 '달력의 수학'이 있다. 수학자인 진우는 지하철 여행을 마치고 집에 돌아오면 여행 중 느낀 점을 기록하고 생각했던 수학 문제를 마무리한다. 그런데 진우는 조금 게을러서 가방에 있는 노트를 가져오는 걸 귀찮아한다. 그래서 그는 눈앞에 보이는 1월의 달력도 연습장으로 찢어 쓰게 되었다. 그해 봄의 어느 날 진우는 1월의 달력이 필요해서 찾아보니 이미 찢겨진 그 종이를 도통 어디에 뒀는지 찾을 길이 없었다. 고민하던 그는 역시 수학자답게 수학적으로 문제를 해결했는데 무슨 방법이었을까?

지하철 수학에서는 6을 바탕으로 돌아가던 체계가 달력의 수학에서는 7을 바탕으로 돌아간다. 매달의 8일은 1일과 같은 요일이고, 9일은 2일과 같은 요일이다. (그래서 정월 대보름은 항상 설날과 같은 요일이다.) 이런 이유로 달력에서 7의 배수는 의미 있는 역할을 하게 되는데 그에 얽힌 스토리를 좀 더 파헤쳐 보자.

남자랑 여자가 처음 만나면 꼭 하는 게 날짜를 세는 것이다. 22일부터 시작해서 50일, 100일까지, 닥치는 대로 기념일을 만든다. 그리고 친구들에게 약간의 성금도 징수한다. (하지만 이것도 1년이 지나면 다 때려치우게 되는 것 같다.) 그런데 이 날짜 세는 법은 생각보다 좀 헷갈려서 남녀가 하루차이로 날짜를 잘못 알고 있는 경우가 흔하다. 두둥~ 따라서 친절한 수학자 진우는 간단한 비법을 전수해주려 한다. 생전 쓸모없던 수학의 도움을 한번 받아보자.

내가 월요일에 그녀를 처음 만났다고 치자. 다음 주 월요일은 몇 일째 되는 날일까? 7일이라고 하면 곤란하다. 8일이다. 그럼 그 다음 월요일은 14일이 아닌 15일이다. 즉, 매주 월요일은 7의 배수 +1에 떨어진다. 더하기를 하든 곱하기를 하든 맘대로 계산해보면 98이 7의 배수니까 99가 7의 배수 +1이므로 월요일이다. 따라서 대망의 100일은 화요일이 된다. 그러니까 100일은 항상 처음 만난 날의 다음 요일이다. 수학자 진우는 4월의 마지막 토요일에 여자친구를 사귀게 되었다면 그가 100일을 맞이하는 것은 언제일까? 8월의 첫 일요일이다. 국민휴가일인 이 날 함께 휴가를 떠나고 싶다면 4월의 마지막 토요일을 노려봄직 하

다. 말이 나온 김에 도움 되는 달력 수학을 조금 더 소개해

준다면, 남녀가 사귀기 좋은 또 다른 날로 9월 15일과 9월

22일이 있다. 왜 좋은지는 달력을 보지 말고 수학적으로

계산해보아라.

　이제 다시, 없어진 1월 달력으로 돌아와 보자. 수학자인

진우는 1월과 날짜 배치가 똑같은 달이 1년 중에 한 번쯤

은 있을 것이라고 생각했다. 그래서 그 달을 찾기로 마음먹었다. 1월은 31일까지 있으니 $4 \times 7 = 28$하고도 요일이 세 개 더 있다. 그러서 1월이 월요일에서 시작했다면 2월은 목요일에서 시작한다. 2월은 28일로 딱 떨어지니까 3월은 항상 2월과 출발이 같다. 그럼 4월은 또 어떨까? 계산해보면 알겠지만 간발의 차이로 1월과 안 맞는다. 긴 시간 고민하던 수학자 진우는 드디어 10월의 달력이 1월과 완전히 똑같다는 것을 알아냈다. 그리고 그는 윤년이 아닌 이상 1월과 10월은 언제나 같다는 것도 확인했다. 왜 그럴까? 우선 1월 1일에서 9월 30일까지 날짜수를 계산해 보자. (뒤의 석 달을 빼는 게 더 빠르다.) 계산해 보면 273일, 정확히 7의 배수이다!! 따라서 수학자 진우는 10월의 달력을 보고도 1월의 날짜를 알 수 있었다.

"그럼 2월의 달력과 11월의 달력도 똑같나요?"어느 영특한 학생의 질문이다. 같지는 않지만 참고는 할 수 있겠지. 2월과 3월, 11월은 시작요일은 다 같은데 날짜수가 모두 다르니 완전히 같다고는 할 수 없다. 그 다음 달인 4월과 12월은 간발의 차이로 안 맞는다. 3월이 큰 달, 11월이 작은 달이라서 그렇다. 자, 그럼 여기서 또 다시 퀴즈를 하나 풀어보자. 수학자 진우는 10월 달력마저 어디론가 찢어버려서 난감해하고 있는데 마침 지난해의 달력이 완전한 모습으로 발견되었다. 그럼, 올해의 1월과 요일 배치가 같은 지난해의 달은 몇 월일까? 또 다시 난감해진다고? 그럼 더 쉽고 더 유용한 문제를 덤으로 얹어 주겠다. 일 년은 365일인데 이것 역시 7의 배수 +1이다. 올해 그녀를 처음 만난 것이 토요일이라면 일주년 기념일은 무슨 요일일까?

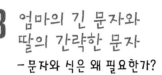

3 엄마의 긴 문자와 딸의 간략한 문자
- 문자와 식은 왜 필요한가?

지하철 수학과 달력 수학은 순환군이라는 개념을 문제로 만든 것인데, 현대 대수학의 기본중의 기본이다. 대수학 세계에 첫 발을 디딘 기념으로 기초 개념을 소개해 준 것이다. "자꾸 대수 대수 하는데 도대체 대수가 뭡니까?" 오호라~ 대수학이란 수와 연산을 체계적으로 공부하는 학문인데 한마디로 '방정식 풀이의 현대화'라고 하면 된다. 대수는 방정식에서 시작했고 그 과정에서 문자와 식의 연구가 발전한 것이다. 이 한마디로 학생들이 "아~ 문자와 식은 꼭 필요한 핵심 수학이네요."라고 느낄 리가 없으므로 오늘은 문자의 필요성에 대해서 조금 언급을 하겠다. 문자와 식은 이 책의 핵심 사항이다.

초등학교 수학과 중학교 수학의 다른 점 중에서 가장 두드러지는 것은 아마도 문자의 사용일 것이다. 초등학교 책에서 가끔씩 □나 ○ 등이 등장하여 수가 들어갈 자리를 차지하곤 했는데 이것이 바로 문자의 사용을 알리는 전주곡이었다. 그런데 영어시간에 나오는 것만으로도 골치 아픈 문자들이 왜 수학책에 등장을 하는 걸까?

이 책을 읽고 있는 독자는 아마도 10대의 한창 즐거운 시간을 보내고 있을 것이다. 언젠가 10대와 부모 세대의 차이를 나타낸 중학생의 역할극을 보고 완전 감동을 받은 적이 있었는데 잠깐 살펴보면,

왼쪽의 엄마 문자나 오른쪽의 딸의 문자나 뜻은 다 거기서 거기다. 하지만 어떤가? 글자 수는 완전히 줄어들었다. 흠, 이게 어쨌단 말인가? 눈치 빠른 독자는 알겠지만 식과 문자가 수학에 들어온 배경도 이런 것이었다.

조금 거창하게 수학의 역사를 들먹여보자. 최초의 인류 수학에서는 기호는 없었고 일상 언어가 사용되었다. 다음의 예를 보자.

① 꽃이 우리 집 앞마당에 ✹✹✹ 만큼 있다. 그런데 오늘 ✹✹ 만큼 더 피었다.

② 꽃이 우리 집 앞마당에 ✹✹✹✹✹ 만큼 있다. 그런데 오늘 ✹ 만큼 더 피었다.

③ 꽃이 우리 집 앞마당에 ✹✹✹✹✹✹ 만큼 있다. 그런데 오늘 ✹✹ 만큼 죽었다.

별다른 문자나 수나 식을 사용하지 않고 어쨌든 언어를 이용하여 자신의 뜻을 나타냈다. 이때를 '언어적 단계'라고 부른다.

이러던 것이 자꾸 쓰다 보니까 귀찮아진다!

조금 생략해서 써 보자. 뜻이 통할 만큼만.

① 🎴 ✻✻✻ p ✻✻

② 🎴 ✻✻✻✻✻✻ p ✻

③ 🎴 ✻✻✻✻✻✻✻ m ✻✻

　대략 무슨 뜻인지 알 수 있나? 사람들은 드디어 '생략의
단계'에 들어온 것이다. 반복되는 말이라든가 안 써도 되
는 말을 쓰면 종이만 아깝다. 그래서 사람들은 가능하면 짧
게 자신의 개념을 표현하게 되었다. 위에서 p와 m은 어떤
단어의 생략일까? 물론 플러스와 마이너스이다. 하지만 알
아들을 수 있는 말을 조금씩 생략해가면서 쓰더라도 듣는
사람들이 알아서 이해할 때
비로소 생략이 가능해진다.
마치 우리들이 열공
에 숨겨진 말과 즐
껨에 숨겨진 말을
바로 알아듣듯이.

자, 이제 조금 더 생략을 해 보자. 우선 바로 위의 표현법에서 집 그림은 별로 중요하지 않은 것 같다. 수학적인 초점은 몇 송이가 있는가 하는 것이지 어디에 있는가가 아니니까. 집 그림을 없애자. 나올 때마다 무궁화 그림을 그리기도 힘들다. 수를 약속하자. 그리고 통일되고 완성된 기호를 도입하자. 그러면 위의 문장은 다음과 같이 쓸 수 있다.

① 3+2

② 5+1

③ 6−2

결국 우리는 '기호의 단계'에 들어왔다.

사실 위의 설명은 개념 전달을 위하여 약간 과장을 한 것이다. 1, 2, 3 같은 아라비아 숫자는 +기호나 −기호보다 훨씬 앞서 탄생했고 이미 생략의 단계 중후반부에서도 쓰였다. 오늘은 기호의 필요성을 느끼는 것이 목적이니까 태클은 사절!! 이 내용을 포함하여 문자와 식에 관한 여러 가지 궁금증은 Ⅱ장에서 자세히 다룬다.

"만약 수학에서 기호가 발달하지 않았으면 어떻게 될까요?" 예리한 질문이다. 만약 수학이 아직도 일상 언어를 그

대로 이용하고 있다면 12세기 인도인이 풀었다던 다음과
같은 문제를 나는 도저히 풀 수 없을 것 같다.

"어떤 수에 3을 곱한 후에, 얻어진 수의 $\frac{3}{4}$만큼 증가시
키고, 얻어진 수를 7로 나눈 후에, 얻어진 몫의 $\frac{1}{3}$만큼을
감소시켰고, 얻어진 수에 자신을 곱한 후에, 52만큼 작
게 하여, 다시 얻어진 수에 제곱근을 취하고, 8을 더하고
나서 10으로 나누니 2가 되는 수를 구하여라."

4 소와 닭의 머릿수
- 방정식 풀이법이 필요한 이유

대부분의 수학 참고서에 '쉬어가는' 코너로 등장하는 문제를 소개해 주겠다. 사실 말이 쉬어가기지 쉬고 있던 머리도 가동을 시켜야 한다.

> **질문** 우리 집은 작은 농장을 한다. 어느 날 농장에서 심심풀이로 동물을 세어 봤더니, 소랑 닭이랑 합쳐서 머리는 7, 다리는 22개이다. 우리 집에는 소와 닭이 각각 몇 마리씩 있는가?

뭐, 이 정도는 그리 어려운 문제가 아니다. 중학교 2학년 이상이면 x와 y로 방정식을 만들고는 흐뭇해할 것이다. 하지만 오늘 공부의 요점은 방정식을 풀자는 것이 아니다. 그

지겨운 방정식 풀이법을 왜 배우는지 정신교육을 하는 것이 요점이다. 따라서 방정식을 잘 알고 있는 사람들도 이런저런 방법을 같이 궁리해보자.

닭	소	다리
0	7	28
1	6	26
2	5	24
3	4	22

아, 글씨 정말 못 쓴다. 뭐 어찌되었건 답은 나왔다. 주~욱 써보니, 닭은 3마리 있고 소는 4마리 있다. 이 정도라면 큰 어려움 없이 답을 찾을 수 있다.

이번에는 머리가 10, 다리는 30개다. 오호라. 이 정도도 괜찮다. 약간의 인내심을 가지고 연습장에 계산해 보면 답은 각각 5마리씩이다. 이 방법은 가장 원시적이고 초보적이어서 별다른 수학적 무기가 없더라도 쓸 수 있는 '원초적 기술'이 된다.

물론 이런 방법은 당연히 불만족스럽다. 우리 집이 언제까지 닭 세 마리에 만족해야 하는가. 우리 집도 사업이 번창해져서 소도 늘고 닭도 늘어야 하지 않는가!! (나는 탐욕

스런 사람은 아니다.-.-;;) 그래서 다음의 문제도 생각해 볼 필요가 있다. 머리는 365개, 다리는 1080개 있다. 아~ 재산이 많이 늘어난 건 좋은데 문제를 손으로 풀기는 거의 불가능하다.

어떻게 해결할까? 만만치는 않다. 이때, 이 장면을 멀리서 지켜보던 한 중국인이 바다를 건너 우리의 책 안으로 들어왔다. (이 중국인의 이름은 '손자(孫子)'이다.) 그 중국인은 복잡한 기술을 쓰지 않고도 번쩍이는 아이디어만으로 수학 문제를 푸는 데 꽤나 능력이 있는 것 같다. 그의 말을 들어 보자.

호루라기를 하나 들고 농장으로 가시오. 아주 시끄러운 소리로 호루라기를 불어버리면 소건 닭이건 깜짝 놀라서 다리를 번쩍 들 것이오. 말도 안 된다고 토 달지 말고 믿어 보시오. 이때 닭은 한 다리로 서 있고 소는 뒷다리로만 그러니까 두 다리로만 서 있게 된다오. 이때 제 빠르게 땅에 닿아있는 다리를 세어 보시오. 그 순간의 다리는 1080의 반인 540개이구려. 이해가 되겠소?

그런데 이때 닭은 한 다리로 서 있으니 머릿수와 다리 수가 같다오. 소는 두 다리로 서있으니 머릿수보다 다리 수가 더 많다오. 지금 다리는 540개이고 머리는 365개인데 다리가 더 많은 것은 순전히 소의 책임이라오.

$$540 - 365 = 175$$

이것이 바로 소의 남는 다리 아니겠소. 그러니까 소가 175마리 있고, 닭은

$$365 - 175 = 190$$

마리가 되겠소. 항상 늘 새로운 방법을 연구하는 것을 잊지 마시오.

중국인은 교훈까지 남기고 바다를 헤엄쳐 돌아간다. 고마운 중국인, 그 풀이법이 기발하긴 정말 기발하다. 이 방법은 중국의 수학고전 『손자산경』에 나타난 풀이법이다. 이제 찍기가 아닌 '비법'을 터득한 터라, 우리는 닭의 머리가 2000개이건 3000개이건 뺄셈만 잘 하면 문제를 풀 수 있게 되었다.

모든 문제를 풀 수 있을 것 같다. 하지만 더 큰 사업을 꿈꾸는 우리농장은 급기야 해산물과 약용 곤충까지 손을 댄다. "닭은 낙지로 바꾸고 소는 지네로 바꿔보시오." 독자들은 다시 실망과 좌절에 빠져 버린다. 중국인의 방법대로 호루라기를 불어도, 그들을 잘 설득하여 다리를 든다하여도 닭처럼 머리 하나에 다리 하나가 되지 않으면 이 방법은 쓸모가 없어진다.

보다 못한 또 다른 중국인(이 사람의 이름은 '유휘(劉徽)'이다.)이 이전 방법을 보다 체계화하여 소와 닭과 낙지와 지네까지 어우르는 발전된 방법을 제시하였다.

3권에 등장할 이 업그레이드된 버전은 현대의 방정식 풀이와 거의 맥락이 일치하는 놀라운 풀이였다. 하지만 이 강력한 무기도 다리 없는 뱀이 끼어들면 속수무책이다!!

우리가 수학시간에 관심을 갖는 것은 '찍기'가 아닌 '풀이'이다. 또한 그 풀이는 '그때그때 달~라~지는' 풀이가 아닌 '늘 통하는 체계적인' 풀이여야 한다. 즉, 머릿수가 많든지 적든지 다리 수가 지네든지 뱀이든지 모두 풀 수 있어야 한다. 수학자는 한 문제를 풀 수 있다고 만족하지 않는다. 모든 문제를 풀 수 있을 때 만족하는 습성이 있다. 그런 이유로 수학자들은 모든 문제의 만능 풀이법을 연구하기에 이른 것이다.

우리는 중국인의 놀라운 풀이법 덕분에 단순계산의 수고를 덜 수 있었다. 고마우신 중국인에게 감사한다. 우리가 중국인의 '묘수풀이'에 감동을 받았다는 소식이 전해지자, 이번에는 서쪽 멀리에서 피라미드의 건축가들이 자기들도 한 수 가르쳐 주겠다며 먼 길을 날아왔다. 우리로선 고마울 따름이다. 이 피라미드의 건축가들은 기원전 2000년 경 이집트에서 오신 분들인데 이분들에 대한 상세한 소개는 다음으로 미루고 강의부터 들어보자.

질문 "어떤 수와 어떤 수의 $\frac{1}{7}$ 을 더하면 그 합이 24이다. 어떤 수는 얼마이겠는가?"

원래 이분들의 갈대노트에는 합이 19로 나와 있으나 오늘은 독자의 편의를 위해 24로 바꾸었다. 이분들의 풀이법은 '가정법'이라고 불리는 독특한 방법인데, 찍기의 일종이다. 우선 분모에 7이 있는 것을 감안해서 어떤 수를 7이라고 가정한다. 그러면 어떤 수의 $\frac{1}{7}$ 은 1이 되고, 그 합은 8이다. 물론 잘못 찍은 거다. 그렇지만 원하는 결과 24와 찍기의 결과 8이 세 배 차이가 남을 고려하여 어떤 수 역시 세 배로 늘이면 된다. 즉, 어떤 수는 21이고 더하는 수는 3이되어 원하는 24를 얻어 낼 수 있다. 최초의 어떤 수는 21이었다. 아~ 진심으로 존경스럽다. 이분들은 여기서 만족하지 않았다. 서쪽 멀리에서 우리를 위해 날아오셨는데 한 수더 가르쳐 주신단다.

질문 "여기 정사각형이 두 개 있다. 작은 정사각형
의 변의 길이는 큰 정사각형에 비해 $\frac{3}{4}$이다.
그리고 이 두 정사각형의 넓이의 합은 100이
다. 각 정사각형의 변의 길이는?"

가정법을 배운 우리가 분모에 있는 4를 보고 당연히 해
야 할 일은 큰 정사각형의 변을 4로 '가정'하는 것이다. 물
론 작은 정사각형의 변은 3이 된다. 그리고 이 정사각형의
넓이를 각각 구해보면 $4 \times 4 = 16$과 $3 \times 3 = 9$이다. 이들의
넓이 합은 25가 되어 원하는 결과 100과는 네 배 차이가
난다. 따라서 큰 정사각형은 한 변이 16, 작은 정사각형은
한 변이 12!! 라고 생각하면 틀린다. 넓이가 네 배이므로
길이는 두 배가 되어야한다. (왜일까?) 이렇듯 가정법을 이
용하면 기발한 아이디어가 우리의 수고를 덜어주게 된다.
멀리서 오신 고대 수학자들에게 감사드린다.

그런데 이렇게 신기하고 재미있는 풀이를 오늘날 학교에서는 왜 안 가르칠까? 그것은 학교는 여러분에게 만능열쇠를 주고 싶어 하기 때문이다.

위의 기발한 풀이에서 수를 살짝 바꿔보자. 예를 들어 첫 문제를 원래대로 '그 합이 19'로 돌려 놓아보자. 가정법은 여전히 유효하지만 깔끔하지는 않다. 더욱이 어떤 수의 $\frac{1}{7}$이 아닌 어떤 수의 $\sqrt{2}$배라고 문제를 바꾸면 문제는 더욱 난감해지거나 불가능해진다. 이렇듯 기발한 아이디어는 등장하는 수들이 깔끔하면 (흔한 말로 '딱 떨어지면') 큰 위력을 발휘하지만 수가 바뀌어버리면 그 매력이 반감된다. 그래서 수학자들은 고대수학의 계산방법의 아이디어를 살리면서 보다 일반적으로 쓰일 수 있는 만능열쇠를 찾기에 노력했고, 그래서 발견한 것이 현재 학교에서 배우는 방정식의 풀이법이다.

결국 결론은 "학교 공부에 충실하라~."라는 식상한 잔소리가 되었으나 그 말이 그렇게 틀린 말은 아니다. -.-;

만능열쇠가 없던 고대에는 지역마다 문제마다 푸는 방법이 달랐고 그나마도 스스로 개발해내야 했다. 하지만, 우리는 그런 상황을 미리 예견하신 수학자께서 만능열쇠를 만들어 주셨으니, 약간의 수고로 그분들의 업적에 동참하기만 하면 된다. 기쁜 마음으로 방정식의 풀이법에 감사하기 바라며 이 위대한 만능열쇠의 탄생 비화와 계산법은 이어지는 3권에서 자세히 소개하겠다.

(−)×(−) =(+)

II 문자와 식의 등장

II 지도와 함수는 무슨 관계일까?

초등학교까지는 대개 많은 학생들이 수학을 좋아하고 또 수학을 어려워하지 않는다. 하지만 중학교에 들어가서 수학을 싫어하게 되는 가장 큰 원인은 문자의 등장이다. 앞으로 설명하게 될 떡볶이의 예화에서 보듯이 수학에서 변하는 그 무엇을 문자로 쓰기 시작하면서 근대의 커튼을 열었고 과학의 발달을 촉진시켰다. 그런데 그 문자도 자세히 살펴보면 변하지 않는 상수와, 변하는 변수로 구별된다. 변수는 데카르트가 도입하기 시작했던 아주 편리한 개념이다. 편리하려고 만든 개념이건만 우리 학생들을 괴롭히는 제 1의 원인제공자가 된 현실이 안타깝기만 하다.

변수에 의한 함수개념은 르네상스 이후 도시가 더욱 발달하고, 국제무역이 활발해지면서 자연스럽게 발생하였다.

어떤 배를 만들면 보다 많은 물건을 실어 나를 수가 있을까? 어떻게 하면 더 빠르게 물건을 운반하여 고객을 만족시킬 수 있을까? 약속 시간까지 늦지 않게 도착하려고 마부를 재촉하여 전속력으로 달렸건만 아뿔싸! 내 시계가 정밀하지 못한 구식 시계인 것을 미처 몰랐다니! 이처럼 17세기 유럽인의 라이프스타일은 교통기관을 개량하고자 하는 의지, 정밀한 시계에 대한 욕망, 정확한 지도의 필요성 등을 촉진시키게 되었다. 결국 이러한 사고방식은 수학과 과학의 발달을 촉진하여 17세기 과학혁명을 이룩하는 디딤돌이 되어주었다.

문자에 대한 개념을 잘 익혀야 여러분들은 함수를 쉽게 접하고 친하게 지낼 수가 있다. 필자는 여기서 잠시 함수에 대한 배경지식을 소개하고 싶다. 함수란 한자로 '函數'라고 쓰고, 영어로는 '펑션(function)' 또는 '매핑(mapping)'이라고 한다. 글로벌 시대에 영어로 그 의미를 파악해보자. 영한사전을 찾아보면 function은 '기능'이라는 뜻을 가지고 있다. 잠깐 우리생활의 필수품 가전제품을 생각해보자. 세탁기의 기능은 더럽혀진 세탁물을 깨끗하게 만들고, 전

기밥솥의 기능은 쌀을 밥으로 만들어놓는다. 이처럼 일차 함수 $f(x)=3x+5$는 1을 입력하면 8이라는 값을 결과 (output)로 내놓고, 0을 입력하면 5의 값을 내놓는 기능을 가지고 있는 것이다. 이 때 입력하는 행위는 쏜다는 의미로 사용해도 좋다. 이제 함수라는 단어의 뜻이 쪼끔 명확해졌는가? 그럼, 함수를 왜 mapping이라고 할까? map이란 우리가 잘 알듯이 지도가 아닌가? 물론이다. 이야기를 펼치기 위해 잠시 15세기로 거슬러 가보자.

1492년 콜럼버스는 에스파냐의 이사벨 여왕의 후원으로 지구가 둥글다는 믿음을 가지고 동쪽에 있는 인도를 서쪽으로 가도 되리라고 믿고서 실제로 그 증거를 보이고자 했다. 그러나 그의 목적지는 인도 대신에 인디언들이 살고 있던 새로운 땅이었다. 서쪽으로 간 인도였으므로 서인도라고 명명하였고 또 신대륙이라고 불렀다. 콜럼버스의 신대륙 발견은 유럽인들에게 큰 충격을 주었고 역사의 큰 획을 긋는 사건이 되고 말았다. 사실 유럽인들에게는 신대륙이었지만 이미 그곳에는 인디언들이 수백만 명이 살고 있었기 때문에 신대륙이라고 부른 것은 유럽인의 견해이지 인디언들의 입장에서는 침략 행위라는 것이다. 어쨌든 역사는 강자의 성공이야기니까……. 이 사건은 고대 그리스 시대부터 유럽인들이 가지고 있었던 지구에 대한 공간적 개념에 큰 충격을 주었다.

이미 1세기경에 유럽인들은 600명 이상이 탈 수 있는 큰 범선을 타고 여행을 하고 무역을 했다고 한다. 그러다가 광풍과 해일을 만나 파선되기도 하고 암초에 부딪쳐 목적지가 아닌 다른 섬에다 정박하기도 했다. 요즘 놀이동산의 〈스페인 해적선〉이나 〈콜럼버스 * * *〉에 100여 명이 타는 것을 생각하면 당시 범선의 규모가 얼마나 컸는지 짐작이 갈 것이다. 더욱이 범선에는 많은 물건들을 가득 싣곤 했다. 콜럼버스는 그 후에도 여러 차례 신대륙을 탐험하였다. 호기심 많은 탐험가 이외에 과학자, 신기한 물건을 가져다 돈을 벌려는 상인들, 금광을 발견하여 떼돈을 벌려는 자들과 야심 찬 정치인들이 마구 밀려갔다고 한다. 그러니 정밀한 지도에 대한 요구는 더더욱 부채질 되었는데 지도란 한 마디로 3차원 입체인 지구를 2차원 평면에다 옮기는 작업이다. 여러 방법으로 지도제작자들은 지구를 투사하는 방법을 모색하여 다양한 지도제작의 수법을 개발시켰다. 대표적인 것이 잘 아는 메르카토르도법이다. 그러므로 지도제작을 만드는 일이란 3차원을 2차원으로 쏘는 기능이므로 mapping을 함수로 생각한 것으로 유추할 수 있게 된다.

1 변하는 떡볶이의 가격
- 문자의 사용 1

  교생실습을 하던 시절의 이야기이다. 떡볶이를 아주 좋아하는 여중생들을 데리고 학교 앞 분식집을 갔다. 돈은 충분히 있으니 맘껏 먹으라는 허풍을 떨고는 조심스레 지갑을 보았다. 대략 짐작은 하겠지만 지갑에는 돈이 얼마 없었다. 하지만 나는 아이들 앞에서 위풍도 당당하게 주문을 해 버렸다. 돈을 어떻게 내려고 그러냐고? 그건 오늘 이야기의 핵심은 아니다. 그런 기술은 대학 가서 선배님들께 하나씩 몸소 배우면 된다. 메뉴판을 보자.

차림표

- 떡볶이 2000냥
- 어묵 초록 300냥
- 순대 2000냥
- 어묵 빨강 500냥
- 닭꼬치 1200냥

아이들은 눈치도 없이 많이 시켰다. 떡볶이를 20인분이나 시켰고 추가로 순대를 2인분, 초록 어묵을 열 개 시켰다. ㅠㅠ 지불할 돈을 계산해보니 손이 떨리기 시작했다.

$$(가격) = 2000 \times 20 + 2000 \times 2 + 300 \times 10$$

합계 얼마였는지는 떠올리고 싶지도 않다. 궁금한 사람은 계산해 보아라. 여중생들의 입소문은 정말 빨랐다. 옆 반에 나의 '업적'이 알려졌고 나는 '형평성의 원리'에 따라 다시 한 번 그 분식집에 가야했다. 돈은 어제 그 만큼만 가지고 갔는데 아뿔싸 이건 또 무슨 일인가.

차림표

■ 떡볶이 2500냥   ■ 어묵 빨강 500냥
■ 어묵 초록 300냥   ■ 닭꼬치 1200냥
■ 순대 2000냥

떡볶이의 인기가 올라가자 발 빠른 분식집 아주머니 바로 메뉴판을 바꿔버렸다. 아, 세상 이렇게 사는 거구나!! 아주머니의 민첩함에 감동을 하면서 나는 다시 얄팍한 지갑을 들여다 봐야했다. 또다시 눈물이 나고 손이 떨리지만 일단 가격을 계산해 보자.

$$(가격) = 2500 \times 20 + 2000 \times 2 + 300 \times 10$$

주문한 것이 같으니 식이 바뀔 리 없다. 다만 한 가지. '떡볶이 가격'에 2000원이 아닌 2500원이 들어 간 것 외에는······.

여중생들의 입소문과 형평성에 휩싸이며 나는 또 다시 분식집을 찾아가야 했고 예상은 했지만 가격표는 또 바뀌어 있었다.

차림표

■ 떡볶이 a 냥   ■ 어묵 빨강 500냥
■ 어묵 초록 300냥   ■ 닭꼬치 1200냥
■ 순대 2000냥

이번엔 아예 떡볶이 값이 문자 a로 되어있다. 부르는 게 값이라는 소리다. 놀라운 판매방식이다. 하지만 나는 오늘도 가격 계산을 해야 했다.

$$(가격) = a \times 20 + 2000 \times 2 + 300 \times 10$$

　오늘도 물론 그 '계산방법'은 바뀐 것이 없다. 주문한 것이 같으니 기본 모양이 바뀔 리가 없지……. 다만 '떡볶이 자리'에 낯선 문자가 들어간 것 외에는.

　나는 그 사건으로 인하여 한동안 점심을 굶는 결식교생이 되어버렸다. 하지만 아직도 그때의 순수한 아이들의 모습을 생각하면 마음이 행복해진다. 그건 그렇고, 배울 건 배우자. 위 메뉴판 일화에서 우리가 얻을 수 있는 교훈은 무엇인가? 쓸 때 없는 배짱부리지 말자? 아니다. 메뉴판은 하루하루 바뀌었다. 다른 가격은 그대로이고 주문량도 변함이 없는데 떡볶이 값만 바뀐다. 그런 상태에서 우리는 총 주문가격을 계산해야 한다. 곱하기를 하긴 해야 하는데 떡볶이 값이 자꾸 바뀌니 얼마를 곱해야 할지 모를 땐 눈 딱 감고 문자를 집어넣는 것이다. "이 자리에 무언가 들어오긴 들어오는데 자주 바뀌니까 지금으로선 어찌할 수 없소!!"라는 심정으로 떡볶이 가격의 자리를 지키는 문자 a를 집어넣는 것이다. 기억해 두자. 문자를 사용하는 첫 번째 경우는 가격이 자꾸 "바뀔 때"라는 것을! 함수적 사고방식의 밑거름을 배운 것이다.

2 내가 몇 살이었죠?
- 문자의 사용 2

우리나라 TV드라마에 가장 많이 등장하는 질병은 무엇일까? 물론 조사해 보지는 않았지만, 아마도 백혈병과 기억상실증이 아닐까? 대체로 비극 드라마 말미에 여자 주인공은 머리에 흰 모자를 쓴 채 안타깝게 투병생활을 하고, 또 다른 드라마의 여자 주인공은 머리 속에 지우개를 넣고 살아간다.

기억 상실증이라는 것이 내가 알기로는 판단력이나 계산 능력까지 잃어버리는 것 같지는 않다. 사고로 인해 일시적으로 기억을 잃은 어떤 이에게 간단한 수학을 물어보자.

질문 "동생의 나이는 열두 살이고, 누나의 나이는 두 살이 많습니다. 누나는 몇 살일까요?"

기억을 잃은 사람도 이런 간단한 계산은 해 낼 수 있다. 물론 열네 살이다. 그가 사고 이전에 수학을 제법 잘 했었기에 이 문장을 식으로 쓸 수 있냐고 물어본다.

질문 (언니의 나이)＝12＋2

초등학교 3학년 이상이면 쓸 수 있는 식이다. 그 사람에게 몇 문제 더 물어 보자.

질문 엄마는 45살이고, 아빠는 4살 많을 때, 식을 세울 수 있나요?

여자 친구는 25살이고 남자 친구는 10살이 많습니다. 식을 세울 수 있나요?

그리고 마지막 질문!

당신보다 3살 많은 사람은 몇 살이죠?

아!! 이 환자는 결국 마지막 문제를 답할 수 없었다. 자기 나이를 기억 못하기 때문이다. 여기서 우리는 중요한 것을 깨달아야 한다. 첫 번째 문제에서도 우리는 아빠의 나이를 모르고 있었다. 힌트를 듣고 아빠의 나이를 계산할 수는 있지만 처음부터 알고 있었던 것은 아니다. 남자 친구의 나이도 모르기는 마찬가지이다. 그럼 이런 문제들에서는 자유롭게 계산하고 답을 구하는데 왜 마지막 문제는 계산은커녕 손대기도 어려운 걸까? 우리의 사고방식 때문이다. 아는 것에서 모르는 것을 계산하기는 쉽지만, 아무것도 모르는데서 출발하는 것은 힘들다.

오호라~ 우리는 모르는 것에서 출발하는 연습은 거의 하지 않았다. 위의 두 문제는 더하기를 하면 답이 얻어지지만 맨 아래의 문제는 출발점인 자기 나이부터 알 수 없으니 뭘 어떻게 해야 할지를 모른다. 이 환자는 덧셈은 할 수 있지만 자기 나이를 몰라서 손을 쓰지 못하는 것이다. 그럼 우리는 어떤 작전을 써야할까?

$$(그 사람의 나이) = x + 3$$

이럴 때 우리는 다시 한 번 문자를 쓰는 것이다. 무언가 식을 써야하는데 얼마인지 몰라 난감한 상황, 자기 나이가 몇 살인지 몰라서 더하기를 못하는 상황, 이럴 때 문자를 도입하는 것이다. 이 사고 방식은 방정식에서 큰 무기가 될 것이다. 기억해 두자! 문자를 쓰는 두 번째 이유는 모를 때~.

우리의 무기 0
모르는 수는 x라고 쓴다.

3 엄마와 딸의 문자 Ⅱ
– 표현의 간략화

지난번에 살펴본 엄마와 딸의 문자 스토리를 조금 더 살펴보자. 우리는 수학에서 문자의 도입을 3단계로 나누어 살펴보았다. 일상적인 언어의 단계, 생략하는 단계, 그리고 기호의 단계, 이렇게 나누는 것 말이다. 물론 이러한 단계구분은 내가 한 게 아니고, 독일의 수학자 네셀만의 구분이다. 그리고 현재는 이 시대 구분법이 거의 표준으로 받아들여진다.

인류가 처음 수학 비슷한걸 시작한 시기부터 위대한 수학자 디오판토스 이전의 시대까지를 1단계로 잡는다. 다음에 다루겠지만, 그 시절에는 일상생활에 필요한 문제들, 예를 들면 땅의 넓이라든가 세금의 양을 계산하는 수학이 발달했기 때문에 '국어'로 수학 문제를 표현하고 해결하는 게 큰 불편은 없었다. 하지만 인간의 본성은 짧게 쓸 수 있는 말을 길게 쓰면 별로 기분이 좋지 않은가 보다. 딸의 문자에서도 봤지만 우리는 엄지손가락 몇 번 움직이는 게 귀찮아서 열공이니 즐껨이니 하는 줄여쓰기를 즐기고 시험기간에는 앞머리만 따서 외우는 게 가장 흔한 기술 아니던가!!

디오판토스는 AD 300년이라는 오랜 옛날에 이미 우리와 같은 일을 하고 있었다. 이때부터 2단계 생략의 단계가 시작되는 것이다. 그는 고맙게도 수학을 좀 짧게 써보려는 시도를 했었고, 결국 간단한 암호 같은 것으로 몇 가지 언어를 나타내기에 이르렀다.

$$\Delta^T \beta \xi \gamma \alpha$$

아……. 도대체 무슨 뜻이란 말인가? 메모처럼 보이는 글자 속에서 α는 1을 의미한다. β는 2를 뜻하고, 그럼 당연히 γ는 3을 뜻한다. 초등학교 아이들의 유치한 암호문이 'ㄱ'이 1로 'ㄴ'이 2로 대응되는 것과 같은 원리이다. 그럼

1, 2, 3은 해독했다. 머리가 빠른 사람은 ε이 무엇인가를 알기 위해 그리스 문자의 순서를 따져보고 ε는 14번째 문자인 것을 알게될 것이다. 즉 1에서 10까지의 수는 아니다. 쓰기도 힘들고 읽기도 힘든 저런 희귀한 문자는 오늘날의 x의 기능을 담당하는 '모르는 수'의 생략이었다. 하나 남은 Δ^T는 그 모르는 수가 두 번 곱해진 것이니 x^2을 의미하는 것이다. 모양이 너무 달라서 x랑 전혀 연관이 안 된다고? 디오판토스가 그렇게 쓴 것이니까 그냥 받아들이자. 요즘 식으로 쓴다면

$$x^2 2x31$$

이 된다. 덧셈, 뺄셈기호가 없으니 무슨 말인지 잘 모르겠지만 어쨌든 아까 보다는 좀 그럴듯해졌다. 디오판토스의 노력으로 수학에 드디어 문자가 들어오게 된 것이다. 그래서 우리는 디오판토스를 대수학의 아버지라고 부른다. 생략의 단계는 이처럼 기본적으로는 언어로써 문제와 풀이를 진술하지만 자주 쓰이는 몇몇 대상들은 (주로 1, 2, 3이나 미지의 수들은) 생략을 해서 나타냈다. 하지만 그 생략이라

는 게 통일된 것도 아니고 ε나 $\varDelta^T$처럼 비슷한 것들조차 모양이 달라 남남으로 보이는 등, 불편한 점도 많이 남아 있었고, 결국 널리 받아들여지지는 않았다고 한다. 딸의 문자 사건에서도 등장했던 플러스(plus)를 p로 생략해서 쓴다거나 마이너스(minus)를 m으로 쓴다거나 하는 정도의 수준이었다. '모르는 수'라는 것도 자주 등장하기 때문에 코사나 코시스트 등으로 나타내곤 했다.

지역마다 달랐던 숫자 쓰는 방법은 조금씩 통일이 되어 인도-아라비아의 1, 2, 3 체계가 점점 유럽지역으로 전파되고 있었다. 최고령 수학중 하나인 바빌로니아 수학에서는 중국의 一, 二, 三과 비슷하게 막대기를 가로 세로로 늘어놓는 가장 초보적인 숫자를 가지고 있었고, 그걸 세로로 멋있게 써서 겉보기는 근사하지만 결국 원리는 비슷했던 Ⅰ, Ⅱ, Ⅲ, Ⅳ등이 로마인의 숫자였다. 이런 숫자들은 수를 세거나 비교하기에는 편하다. 반장선거 할 때, 칠판에 막대기를 죽죽 그어가다 보면 눈으로 '척' 봐도 누가 일등이고 이등인지 한눈에 알 수 있지 않은가? 하지만 이런 수는 계산용으로는 좀 약해서 인도인이 즐겨 쓰던 1, 2, 3이 아라비아인의 중계무역을 타고 유럽으로 전파되어 '아라비아 숫자'라는 조금 잘못된 이름으로 전 세계를 주름잡게 되었다. 그러니까 2단계인 생략의 단계에서는 숫자는 아라비아 숫자로 통일을 이루지만 덧셈, 뺄셈 등의 기호나 미지수에 대한 기호화는 아직 완전히 이뤄지지 않은 단계였다.

디오판토스 이후 천 년이 넘게 시간이 흐른 뒤, 수학에는 새로운 바람이 불었다. 세계사 시간에 이름은 한 번쯤 들어봤을 르네상스에 대하여 알고 있는가? 르네상스 시대에는 뭔가 활력이 넘치고 새바람이 불었다고 생각하면 99% 맞는데, 수학에도 역시 변화가 생겼다. 그동안 쌓아 놨던 옛 수학책들과 유럽 및 세계 각국에서 모여든 수학책들을 정비, 번역, 통일하면서 기호 역시 통일을 이루는 데, 이 시대에 비로소 p나 m이 아닌 '＋'와 '－' 같은 수학적 기호가 등장 하였다. 이 시기부터 지금까지를 제 3단계 기호의 단계라고 부른다. 많은 수학자들이 사칙연산과 등호, 부등호 등 다양한 기호를 만들어 냈고, 그중 톡톡 튀는 개성을 가진 기호들이 수학자들의 인정을 받으며 오늘날까지 생명력을 유지하게 된다. 그중에서도 가장 그럴듯한 것은 등호인데,

$$2+1 == 3$$

과 같이 지금보다 좀 길게 썼고, 만든 이유는 "두 개의 평행선만큼 같은 것이 또 어디 있겠는가?"라는 믿거나 말거나 한 것이라고 한다. ＋나 ×는 십자가를 보고 착안을 했다는 이야기가 있는데, 별로 신빙성은 없고 ＋는 영어 t가 변형된 것이라는 것이 널리 받아들여지고 있다. 마치 $\sqrt{\ }$ 기

호가 영어 r의 변형인 것처럼 말이다.

이 시대의 변화 가운데 가장 중요한 것은 비에트(Viéte)의 시도인데, 그는 $2x+3=0$으로만 쓰던 식을

$$ax+b=0$$

의 꼴로 씀으로써 수학 발전에 획기적인 선을 긋는다. 물론

오늘날 최종적인 형태의 기호는 '생각하므로 존재하는' 위대한 수학자 데카르트 선생의 업적이지만 기본 바탕은 비에트의 몫이라고 보는 게 타당하다.

"획기적이라니 뭐가 그리 대단합니까?" 잘 모르고 하는 질문이다. 수학에서 영어가 등장한 것은 실로 대혁명이다. 특히 알고 있는 수 2나 3을 모르는 a나 b로 바꾼 것은 참으로 획기적이다. 비에트 선생의 업적은 숫자만 바뀌는 문제 10개 외우기보다 영어로 된 공식 하나만 암기하면 만점 받을 수 있는 기회로 전환시켜 주신 것이다. 수학의 기호화는 차량의 작동원리는 몰라도 어쨌든 운전은 할 수 있는 만큼의 획기적인 사건이었다!

이제 불의의 사고로 자기 나이를 잊은 그 분을 다시 만나보면서 이번 장을 정리하자. 그 분은 자기 나이는 몰라도 언니와 자기가 2살 차이라는 것은 뚜렷이 기억을 하고 있다. 그가 언어적 단계라면 "내가 몇 살인지는 몰라도 언니는 나 보다 ✌ 만큼 많아요."라고 손짓과 말로써 이야기하고, 생략의 단계라면 "cosa p ○ ○" 정도로 표현할 것 같다. 그리고 기호의 단계라면 그는 "$x+2$"라고 자신 있게 식을 쓸 것이다.

이것을 중국말로 써보자.

何合二

뜻풀이를 간단히 해보면, 何(무엇, 얼마) 合(더한다) 二
(둘). 좀 이상해 보인다. 이것이 고대와 중세 수학에서 서양
을 앞섰던 중국이 근대와 현대에서 점차 뒤처지게 된 결정
적인 이유이다. 중국수학은 문자와 식을 다루기에는 별로
적당하지 않았다. 수와 문자와 식의 사용이 수학발전에서
얼마나 중요한 지를 단적으로 알려주는 예이다.

4 주유소의 가격표
- 대입과 식의 값

지난 시간에 우리는 왜 수학시간에까지 문자가 등장을 하는지 자세히 배워봤다. 그렇다면 이제 우리가 해야 할 일은 당연히 그 문자를 '어떻게' 다루는가 하는 것이다. 이 내용은 그리 많지 않다. 뭐 그리 복잡하게 설명할 일도 없다. 그러니까 오늘의 수업은 단축수업이다!!! 하나만 설명하고 수업 마무리를 하자. 그러니 더욱 집중해주시길.

주유소 가격표를 본 적이 있는가? 주유소의 기름 값은 다른 물건의 가격과는 조금 다르다. 우리가 쓰는 보통의 물건들은 가격이 이미 결정이 돼서 나온다. 공책 한 권에 얼마, 샤프 한 개에 얼마, 이런 식으로 모두 가격이 정해져 있다. 하지만 주유소의 가격표는 빈 칸이다. 하얀 플라스틱 바탕위에 빨간 숫자가 그날그날 들락날락할 뿐이다. 정해진 가격이 없기 때문에 주유소 사장님이 상황에 따라 가격표에 적당한 수를 꽂아 넣으면 그게 가격이 된다. 며칠 전에 나온 떡볶이 파는 아줌마와도 유사하다. 자, 아래의 식을 보자.

$$(가격) = a \times 20 + 2000 \times 2 + 300 \times 10$$

뭔지 기억나는가? 지난번에 계산해 본 분식 값이다.

기름값이 오를 때마다
내 혈압도 오른다. ㅜㅜ

간단히 하면

$$(가격) = a \times 20 + 7000$$

이 된다. 어차피 떡볶이 값은 모르니까 정확한 값은 안 나온다. 그럼 이제 떡볶이 값이 다음과 같이 변하면 전체가 얼마인지 계산해 보자.

질문 떡볶이가 2000원이면, 전체 값은?

물론 47000원이다.

떡볶이가 2500원이면, 전체 값은?

흠, 57000원이로군.

떡볶이가 3000원이면, 전체 값은?

여러분이 해 봐라.

여기서 우리는 두 가지 수학적 용어를 배운다. 주유소 사장님처럼 그날그날 빈 플라스틱 가격표에 빨간 수를 집어넣는 행위, 분식집 사장님처럼 떡볶이 값을 정해서 우리의 가격공식에 넣어주는 행위 이런 행위를 수학에서는 대입이라고 말한다. 그리고 그때 나온 47000원이나, 57000원

같은 전체 값을 식의 값이라고 부른다. 예를 들어

$$x+3$$

에서 x자리에 10을 대입하면 식의 값은 13이 된다. x자리에 15를 대입하면 식의 값은 18이 되고, x자리에 20을 대입하면 식의 값은 23이 된다. 이해가 되는가?

오늘의 핵심단어는 대입과 식의 값. 이만하면 쉽지 않은가!

5 태극 전사를 찾아라
– 대입과 식의 값 연습

    작심삼일이란 말은 그리 나쁜 말은 아닌 듯하다. 대한민국에서 1월과 3월에 가장 많이 흘러나오는 사자성어는 바로 작심삼일일 것이다. 학생들은 매일매일 꾸준히 공부할 것을 결심하고 선생님들은 사랑과 정성으로 학생을 지도할 것을 결심한다. 하지만 우리의 그런 굳은 결심은 친구의 방해로 삼일이 되기 전에 무너지고 또 정확히 삼일째에 밀려오는 놀랍도록 강력한 유혹에 휘말려 마음에서 떠나고 만다.

    조금씩 지쳐가는 여러분에게 새로운 활력을 불어넣도록 지난 시간에 배운 것을 소재로 즐거운 게임을 하나 만들어 보았다.

다음 페이지에는 십여 명의 현역 축구선수와 은퇴한 축구 선수, 그리고 야구선수와 연예인, 심지어 여러분들이 십년 후에나 만날 가능성이 있는 축구꿈나무 선수까지 등장 한 다. 이들 중에서 2002년 한·일 월드컵과 2006년 독일 월 드컵 한국 대표선수를 찾아내는 것이 여러분의 임무이다. "나는 축구에 관심이 없는데요……."라고 말하는 학생들도 있을 줄 안다. (특히 여학생 중에는) 하지만 염려 마라. 그 아래 힌트가 나온다. 다음의 사진과 식은 똑같은 배열로 되어 있다. 여러분들이 할 일은 단순하게 주어진 식의 x에 2를 대입하는 것이다. 2를 대입해서 식의 값이 0이 나오는 경우에 동그라미를 쳐라. 그러면 그 자리와 대응 되는 사 진이 바로 우리가 찾는 태극 전사다.

참, 혹시나 이 책을 읽을지 모르는 초등학생과 기본적인 기호가 헷갈리는 중학생을 위하여 간단히 설명을 한다. x^2이 란 $x \times x$, 즉 x가 두 번 곱해지는 것을 말한다. 여기에 $x=2$를 대입하면 무엇이 되는가? 그렇다. $2^2 = 2 \times 2 = 4$이다. x^3은? 물론, $x \times x \times x$이다. 그럼 초등학생도 풀 수 있게 되었다. 준비가 되었는가? 그럼 이제 출발한다. 시작~

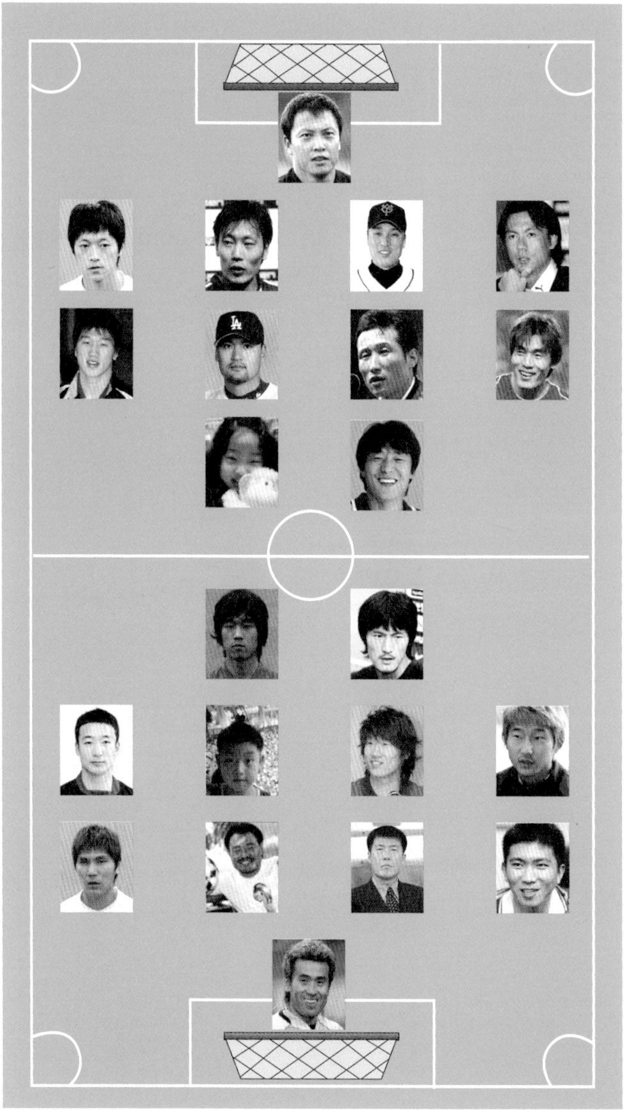

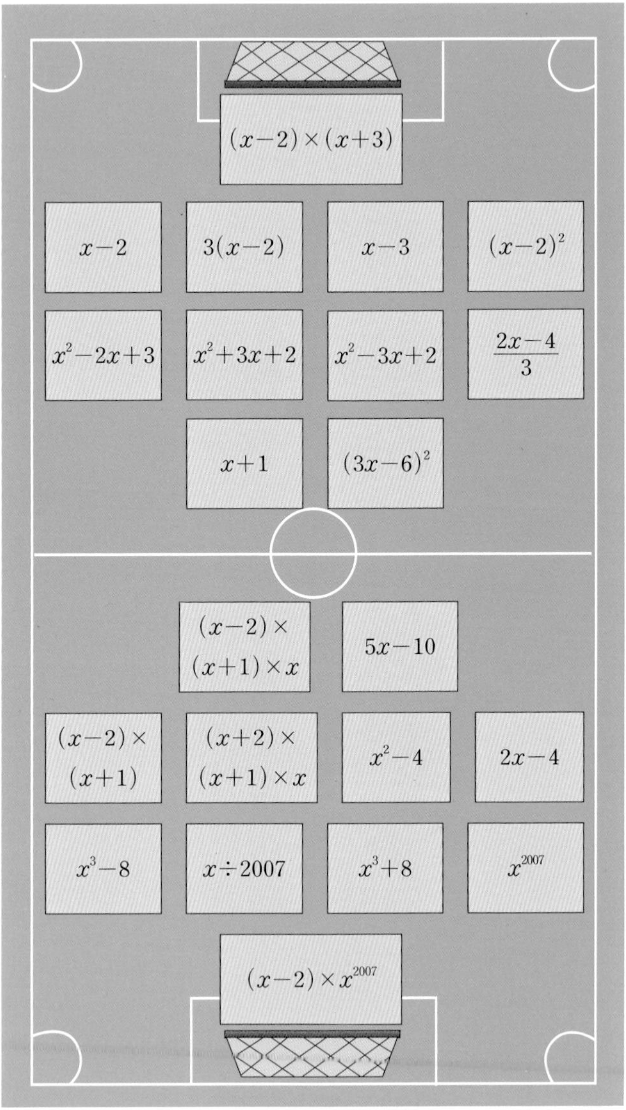

$(x-2)\times(x+3)$

| $x-2$ | $3(x-2)$ | $x-3$ | $(x-2)^2$ |

| x^2-2x+3 | x^2+3x+2 | x^2-3x+2 | $\dfrac{2x-4}{3}$ |

$x+1$ | $(3x-6)^2$

$(x-2)\times(x+1)\times x$ | $5x-10$

$(x-2)\times(x+1)$ | $(x+2)\times(x+1)\times x$ | x^2-4 | $2x-4$

x^3-8 | $x\div2007$ | x^3+8 | x^{2007}

$(x-2)\times x^{2007}$

6 소 네 마리와 닭 세 마리를 더하면?
- 다항식의 계산

피곤하신 태극전사와 미래의 축구왕까지 초빙해서 우리가 배운 것은 문자와 식의 기초 개념이다. 문자는 도대체 왜 수학에 필요한건지, 그리고 그 문자들은 값이 있기나 한건지를 지금까지 연습해 왔다. 이제 그들의 정체와 필요성을 알았으니 다음은 어떻게 계산하는가, 이것이 주어진 과제이다. 문자와 식은 고등학교를 졸업하는 순간까지 수학책에서 절대 사라지지 않으므로 어디에 써먹을까 고민하지 말고 어떻게 써먹을지 고민하면 된다. 문자의 계산을 익히는 순서는 상식적인 순서를 존중하여 덧셈, 뺄셈, 곱셈, 나눗셈으로 진행된다.

나이의 계산 문제에서 우리는 언니의 나이가 $12+2$라는 것을 알았다. 그리고 우리는 이 값이 14라는 것을 계산할 수 있었다. 하지만 기억상실증 환자의 경우에는 $x+3$에서 더 이상 진전이 없었다. x가 얼마인지 모르기 때문에 계산을 할 수가 없었다. 여기서 우리는 문자 x와 수 3을 더하는 것이 불가능하다는 것을 깨달아야 한다.

중학교 학생들이 저지르는 고질적인 실수 중의 하나는 끝을 보고 싶어 한다는 것이다. $x+3$은 그래도 좀 낫다. 문제가 $4x+3$쯤 되면 이 상태로 그냥 두고는 못 견딘다. 바로 끝을 보려는 성미가 발동해서 답을 7 혹은 $7x$라고 적어 버린다. 오호~ 그야말로 다 된 밥에 재 뿌리는 꼴이다. 생각해 봐라. 소 네 마리랑 닭 세 마리가 한 울타리에 있다고 해서 그걸 더하면 소 일곱 마리라고 말하는가? 닭 일곱 마리라고는 말할 수 있는가? 그런데 왜 $4x$랑 3을 한 울타리에 넣고 더하면 7이나 $7x$라고 생각하는지⋯⋯. 가운데 끼어있는 더하기 기호가 우리를 유혹하기는 한다. 뭔가 더 끄적거려야 우리의 책임과 의무를 다하는 것 같다. 하지만 현혹당하지 마라. 소와 닭을 섞는다고 소 일곱 마리가 되지는 않는다. 계산은 $4x+3$에서 멈추면 된다.

이제 조금 복잡한 계산을 배워보자. 정신 똑바로 차리시길. 우리 집에는 소가 4마리에 닭이 3마리 살고 있다. 그리고 옆집 사는 아가씨 두실이네 집에는 소가 5마리에 닭이 10마리 있다. 우리 집보다 잘산다. 이제 나와 두실이가 결혼을

자~.
끼리 끼리 짝을 지어
질서 있게
타거라.

하는 터무니없는 상상을 해보자.

우리 집	두실이네	결혼 후
소 4	소 5	?
닭 3	닭 10	?

두 명의 청춘남녀뿐 아니라 두 집의 가축도 이제 한 울타리로 들어오게 된다. 우선 소부터 계산해보자. 원래 우리집 소가 4마리였는데, 두실이네 소가 5마리 들어와서 소는 총 9마리가 되었다. 그 다음 우리 집 닭이 3마리에 두실이네 닭이 10마리, 이사 와서 닭의 총수는 13마리다. 그리하여 신혼집에는 소가 9마리에 닭이 13마리가 살게 되는 것이다. 이제 이것을 수학적으로 연결시켜보자. 설명 듣고 천천히 살펴봐라. 두 남녀의 결혼 스토리는

우리 집	두실이네	결혼 후
$4x$	$5x$	?
3	10	?

$$(4x+3)+(5x+10)=9x+13$$

의 계산과정을 말해주는 것이었다. 앞서 말했듯이 소와 닭은 더 이상 더할 수가 없다. 하지만 소와 소는 덧셈이 가능

하고 닭과 닭도 덧셈 가능하다. 마찬가지로 우리는 x는 x끼리 더하고, 수는 수끼리 더하는 방법을 취한다. 눈치 빠른 친구라면 뺄셈도 바로 알아 차렸을 것이다. 신혼집 살림이 어려워져 소 한 마리와 닭 두 마리를 내다파는 장면을 상상해 보면 쉽다.

결혼 직후	내다판 것	남은 것
$9x$	x	?
13	2	?

$$(9x+13)-(x+2)=(8x+11)$$

이제 우리는 간단한 다항식의 덧셈과 뺄셈을 할 수 있게 되었다. 드디어 우리에게도 무기가 생긴 것이다. 우리는 이것을 우리의 아이템 주머니에 차곡차곡 쌓아 나갈 것이다. 얼마 전에 나온 기본무기 바탕 위에 많은 무기를 모아 갈 터이니, 무기가 나오면 그 페이지를 접어놓든지 구겨놓든지 예쁜 테이프를 하나씩 붙여놓든지 알아서 해주기 바란다.

우리의 무기 1

덧셈은 끼리끼리.
뺄셈도 끼리끼리.

II. 문자와 식의 등장

그렇다. x는 x끼리, 숫자는 숫자끼리~. 욕심이 많은 중1학생 쯤 되면 다음의 문제에 도전해보고 싶어진다.

$$(x+2y+4)+(3x+5y+5)$$

답은 당신이 생각하는 그대로이다. 정 불안하거든 짝에게 조심스럽게 말해봐라. 약간의 창피는 각오하고……

자, 이제 곱셈 중에서 간단한 버전을 배우면 오늘의 수업은 끝이다. 곱셈에서도 소와 닭의 가르침은 계속된다. 보드 게임에서 흔히 나오는 상황인데, "당신의 재산이 몽땅 3배가 됩니다!!"라는 주문을 들었다 치자. 아~ 상상만 해도 좋은 일이다. 대박도 이런 대박이 어디 있을까. 자, 현재 우리의 신혼집에는 소가 8마리 닭이 11마리 남아 있다. 이것을 몽땅 세 배를 하면 어떻게 되는가? 중요한 것은 몽땅이다. 소는 24마리고 닭은 33마리다. 이 당연한 원리를 수학에 적용해 보자.

$$3 \times (소\ 8 + 닭\ 11) = (소\ 24 + 닭\ 33)$$
$$3 \times (8x + 11) = 24x + 33$$

이때 중학생들이 아주 많이 저지르는 실수는

$3 \times (8x + 11) = 3 \times 8x + 11 = 24x + 11$로 답을 쓰는 것이다. 생각하기 귀찮아하는 학생들이 범하는 전형적인 실수다. 몽땅의 의미를 몰라서 그렇다. 앞의 "3배를 하라!"는 주문은 소뿐만 아니라 닭에게 까지 그 은혜를 베풀어 주어야 한다. 앞에도 분배 뒤로도 분배!! 이것이 우리의 두 번째 무기다.

II. 문자와 식의 등장

93

곱셈은 분배~분배~.
곱셈은 몽땅 분배.

몽땅 분배라는 말은 아주 중요하다. 특히 $\frac{1}{2}(2x+3)$ 같은 경우, 안 그래도 뒤쪽에는 분배를 잘 안하는 상황에서 약분까지 안 되는 수이고 보니, 그냥 대~충 $x+3$이라고 쓰는 중학생을 '너.무.나.' 많이 보았다. 자신의 전 재산을 3배로 늘이라는데 한 가지만 늘이고 다른 것은 그냥 둘 사람이 과연 있을까? 우리의 무기 "몽땅 분배"를 이해한 학생이라면 이런 실수는 피해주시길!

7 다항식 계산의 확장
- 덧셈과 곱셈의 혼합

다음 계산을 해보아라. 참, 그냥 x는 $1x$를 의미한다.

$$(x+1)+(x+2)+(x+3)+(x+4)+(x+5)+$$

$$(x+6)+(x+7)+(x+8)+(x+9)+(x+10)=$$

끼리끼리의 철학을 쓰면 답은 $10x+55$이다. 오늘은 조금 더 어려워진다. 수학을 망치는 우리의 적군들 중에서 1번 타자가 오늘 등장하니 긴장하시길 바라며 덧셈과 곱셈과 뺄셈이 섞여서 나오면 어떻게 대처할 것인가 연구해 보자! 어제 배운 내용을 충실히 이해했으면 큰 문제는 아니지만 조금 어려운 다음 문제를 보자.

$$(2x-3)+3\times(x-5)=$$

지난번보다는 조금 복잡해 보이므로 부분으로 끊어 읽기를 해야 한다. 적군을 단번에 무찌를 생각을 버리고 천천히 공격하라. 우리 집에는 소와 닭이 멀쩡히 잘 살고 있는데 두실이네 집에 갑자기 대박이 떨어졌다. 시집오기 전에 두실이네 재산은 세 배로 불어난다. (물론 빚도 세 배가 된다.ㅜㅜ) 여기서 분배 분배, 몽땅 분배의 철학을 기억하라. 두실이네 재산은 $3x-15$가 되어 시집을 오게 된다. 결혼의 결과는 끼리끼리의 철학에 의해 $5x-18$ 이다.

우리집	원래 두실이네		우리집	대박 두실이네		신혼살림
$2x$	x	분배	$2x$	$3x$	끼리	$5x$
-3	-5	분배	-3	-15	끼리	-18

한 문제 더 보자

$$(2x+5)-2\times(2x-3)=?$$

이번 문제는 가운데 빼기 부호가 부담스럽다.

우리집	원래 두실이네		우리집	대박 두실이네		신혼살림
$2x$	$2x$	분배	$2x$	$4x$	끼리	$-2x$
5	-3	분배	5	-6	끼리	11

일단 두실이네 재산을 두 배해보자.

$$(2x+5) - (4x-6) =?$$

문제는 위와 같이 되는데, x를 먼저 계산해 보면
$2-4=-2$ 즉 $-2x$이다. 상수항은 어찌되었는가? 5에서
-6을 뺀다. $5-(-6)=?$ 이 값은 11이 나오는데, 이
부분을 혹시 모르겠으면 당장 주변사람에게 물어봐라. 책
덮어도 좋다. 당장 물어봐야 한다. 여기서 막히면 수학은
비전이 없다.

두 번째 문제를 조금 더 기계적으로 해결해 보자. 우리 집 재산은 변함이 없으니 두실이네 재산에 주목한다. 상수항이 어렵다. 원래 -3이었는데, 두 배를 해서 -6이 되고 다시 빼기를 만나서 $+6$이 된다. 한 번에 계산할 수 있을까? $5-2\times(-3)=5+6=11$이다. 이 부분 혼자서 상당히 많은 노력을 해야 한다. 음수와 음수를 곱할 때 양수가 되는 것은 명쾌하게 설명하기가 쉽지 않다. (수학 선생님들의 큰 애로사항이다.) 오늘은 일단 받아들이자. 어쨌든 전체 결과는 $-2x+11$이 된다. 여기서도 분배 분배의 철학은 깨지지 않고 있다. 종이와 연필을 들고 다음 같은 종류의 문제들이 숙달될 때까지 연습해야한다.

◆◆◆◆◆ 문제

- $(2x-5)-3\times(3x-2)=2x-5-9x+6=-7x+1$

- $(2x-5)-5\times(-3x+2)$

  $=2x-5+15x-10=17x-15$

- $3\times(2x-5)-4\times(-2x-3)$

  $=6x-15+8x+12=14x-3$

8 한 번씩은 몽땅 분배
- 다항식의 곱셈

어려운 내용을 가르칠 때, 선생님들이 쓰는 방법은 세 가지이다. 재미있는 이야기를 많이 준비해서 학생들의 관심을 잔뜩 모아 학생들이 눈을 똥그랗게 뜨고 침을 꼴딱 넘기는 순간에 어려운 이야기를 해 버린다. 아니면 맛있는 사탕을 교탁 위에 올려놓고 당근을 사모하는 조랑말처럼 학생들의 마음을 사로잡는다. 이도 저도 아니면 몽둥이로 공포분위기를 조성한다. ㅋㅋ 이야기에 공감하고 있다면 여러분들은 집중의 준비가 되었다는 증거. 자, 오늘은 매우 어려운 내용이므로 딱 하나만 집중해서 배워보자. 바~짝 긴장하고 고~고~.

오늘은 곱하기가 더욱 방대해 진다. 하지만 이럴 때일수

록 우리는 기본으로 돌아가야 한다. 그리고 우리의 무기에 집중해야 한다. 곱하기는 분배분배 몽땅 분배! 중학교에서 가장 어려운 계산인 다음 문제를 관찰해 보자.

$$(3x-4) \times (2x-5)$$

곱셈이 처음인 학생들은 곱셈은 분배라는 말을 믿고 무언가 분배를 하고는 싶은 데 잘 안 될 것이다. 지난 시간의 문제와는 약간 다르니까. 분배를 위하여 약간의 트릭을 쓰자. 앞의 $3x-4$를 '그 무엇'이라 부르고 something의 약자인 S로 표시해보면 위의 문제는

$$S \times (2x-5)$$

가 된다. 이제 우리의 무기, 분배 분배를 쓸 수게 되었으니 고대하던 분배를 해 보자.

$$S \times 2x + S \times (-5)$$

멋지게 성공했다. 잠깐! 이야기가 더 복잡해지기 전에 여기서 잠시 우리의 철학을 정립해보자. 우리가 문제를 처

음 봤을 때, 뭔가 분배를 하고 싶은 마음은 생기는 데 기술이 부족하여 분배를 할 수가 없었다. 우리의 기술로는 기껏해야 $\square \times (2x-5)$ 정도의 문제만 풀 수 있었다.

풀 수 없는 문제 : $(3x-4) \times (2x-5)$

풀 수 있는 문제 : $\square \times (2x-5)$

아래의 모양까지만 누가 대려다 준다면 그 뒤로는 혼자서도 원하는 목표에 도착할 수 있을텐데……. 그래서 우리는 변형을 한 것이다. 우리가 풀 수 있는 모양까지 어떡해서든 끌고 가는 것이다. 이것은 마치, "전철역까지만 가면 거기서부터 혼자 찾아갈 수 있어."라는 꼬맹이들의 외침 같아서 나는 이것을 마을버스 철학이라 부른다.

마을버스 철학

자신 있는 지점, 어떻게 해서든 그곳까지 가라.

새로운 철학을 손에 쥔 우리는 자신감이 생긴다. 자신의 모습을 감추고 있는 그 무엇 S를 원래대로 돌려놓자.

$$S \times 2x + S \times (-5) = (3x-4) \times 2x + (3x-4) \times (-5)$$

여기에 다시 한 번 분배 분배를 쓰면 결과는

$$3x \times 2x - 4 \times 2x + 3x \times (-5) + (-4) \times (-5)$$

모두 성공했겠지? 할 수는 있겠는데 조금 방대해졌다.

여기서 마지막 우변을 좀 관찰해 보자. 무언가 발견했는가? (갑자기 복잡해진다. 심호흡 한 번하고 1분만 집중해서~ 파이팅!) 우리 집의 등장인물 두 명 $3x$, -4와 두실이네 등장인물 $2x$, -5가 각각 한 번씩 만나고 있다.

우리 집	두실이네	곱셈 결과
$3x$	$2x$	$6x^2$
$3x$	-5	$-15x$
-4	$2x$	$-8x$
-4	-5	20

지난번에도 말했듯이 $x \times x$는 x^2이라고 쓴다.

그래서 전체 결과는 $6x^2 - 15x - 8x + 20$이다. 즉, 우리와 두실이네에서 소소, 소닭, 닭소, 닭닭의 순서로 총 네 번의 만남이 이루어진다. 마을버스 철학을 이해한 사람이라면 이제부터는 S를 만들었다가 다시 돌려놓는 번잡스런 방법 대신 조금 기계적으로 네 번의 만남을 주선하는 방식을 써도 좋다. (사실 다 그렇게 한다.) 연습을 위해서 다음 문제는 대~충 훑어보지 말고 종이와 연필로 꼭! 확인해 보자. 다시 강조하면 계산은 소소, 소닭, 닭소, 닭닭의 순서로 모든 등장인물을 빠짐없이 분배한다.

$(2x-5) \times (4x+3)$	$2x \times 4x + 2x \times 3 - 5 \times 4x - 5 \times 3$
$(2x-5) \times (4x-3)$	$2x \times 4x + 2x \times (-3)$
	$\qquad -5 \times 4x - 5 \times (-3)$
$(-2x+3) \times (4x-1)$	$-2x \times 4x - 2x \times (-1)$
	$\qquad +3 \times 4x + 3 \times (-1)$
$(2x-5) \times (-4x+3)$	$2x \times (-4x) + 2x \times 3$
	$\qquad -5 \times (-4x) - 5 \times 3$
$(2x+3y-5) \times (4x+3)$	$2x \times 4x + 2x \times 3 + 3y \times 4x$
	$\qquad +3y \times 3 - 5 \times 4x - 5 \times 3$

이 과정은 연습을 좀 많이 해야 한다. 먼저 연습장을 반으로 접는다. 왼쪽에 5개의 문제를 적고 (위와 비슷한 모양으로) 오른쪽에 스스로 답을 채운다. 그리고 이 고통스런 행동을 일주일간 반복하라. 우리는 단군의 자손인지라 지겨움을 참아가며 백 일은 몰라도 일주일은 버텨야한다. 그리고 이 연습장은 나중에 다시 사용될 터이니 고이 모셔두자.

이제 우리는 무기 2를 약간 개량하여 무기 3을 만들면서 오늘의 공부는 끝내자. 우리의 무기는 복잡한 곱하기를 만났을 때 유용하다.

우리의 무기 3

곱셈은 분배 분배.
소소, 소닭, 닭소, 닭닭 한 번씩은 몽땅 분배.

9 식의 나눗셈도 수의 나눗셈처럼
– 다항식의 나눗셈

우리는 이제 덧셈은 끼리끼리, 뺄셈도 끼리끼리, 그리고 곱셈은 분배 분배와 같은 잘 다듬어진 무기를 얻었다. 이제 마지막 연산인 나누기를 배울 차례이다. 잠깐 초등학생이 되어 보자. 초등학교 때 제법 어려웠던 나눗셈. 그거 가끔 헷갈리는 경우가 있다더라. 초등학교 교과서를 살짝 펼쳐 보자.

$$
\begin{array}{r}
101 \\
122\,\overline{\smash)\,12325} \\
\underline{122} \\
12 \\
\underline{0} \\
125 \\
\underline{122} \\
3
\end{array}
$$

Ⅱ. 문자와 식의 동산

몫은 101이고 나머지는 3이다. 오랜만에 해보니까 조금 새롭다. 자, 이제 우리는 수의 나눗셈을 식의 나눗셈에 적용해야한다. 다음 문제를 보자.

$2x^4 + x^3 - 6x^2 + 2$를 $x^2 + 2x - 1$로 나누시오.

초등학생 나눗셈처럼 풀어버리면 된다. 보통의 교과서나 참고서에 나온 것과는 아주 약~간 다르게 풀 터이니 조금만 긴장하자. 우선 문제를 다 쓰면 보기 불편하니까 앞에 붙은 숫자만 따서 식을 꾸며 보자. 비어있는 일차항은 0으로 쓰고~.

$$1 \ 2 \ -1\,)\overline{\,2 \ 1 \ -6 \ 0 \ 2\,}$$

그러면 맨 앞의 1과 2를 의식해서 최초의 몫은 2가 된다.

$$
\begin{array}{r}
2 \\
1 \ 2 \ -1\,)\overline{2 \ 1 \ -6 \ 0 \ 2} \\
\underline{2 \ 4 \ -2} \\
-3 \ -4 \ 0
\end{array}
$$

뒤의 수들은 따지지 말고 일단 맨 앞의 1과 2만 보고 나눈 결과다. 다음은 -3과 1을 의식해서 몫은 -3이 된다.

이때도 뒤의 수들은 신경 쓰지 말고 맨 앞은 수만 보면 된다.

$$
\begin{array}{r}
2\ -3 \\
1\,2\ -1\,\big)\,\overline{2\ 1\ -6\ 0\ 2} \\
2\ 4\ -2 \\
\hline
-3\ -4\ 0 \\
-3\ -6\ 3 \\
\hline
2\ -3\ 2
\end{array}
$$

그리고 마지막 단계는 다음과 같다.

$$
\begin{array}{r}
2\ -3\ 2 \\
1\,2\ -1\,\big)\,\overline{2\ 1\ -6\ 0\ 2} \\
2\ 4\ -2 \\
\hline
-3\ -4\ 0 \\
-3\ -6\ 3 \\
\hline
2\ -3\ 2 \\
2\ 4\ -2 \\
\hline
-7\ 4
\end{array}
$$

물론 여기서 몫은 232 나머지는 −74라고 답을 쓰면서
다 된밥에 재 뿌리는 사람은 없겠지? 당연히 몫은
$2x^2 - 3x + 2$라고 쓰고 나머지는 $-7x + 4$라고 써야 한다.

교과서에서는 위와 같은 간단한 방식을 좋아하지 않는
다. 대신 약간 멋있는 모양을 제시한다. 교과서 방식은 답

을 맨 앞부터 써야 하고, x나 x^2등의 문자도 다 적어주어야

한다. 그렇지만, 큰 차이는 안 나니까 간편한 방식으로 계

산해도 지장은 없다. (주관식 답을 쓸 때는 빼고)

모처럼 쉬운 내용이 나왔으니 오늘도 기쁜 맘으로 단축

수업.

〈교과서의 좀 더 그럴듯한 답안〉

$$
\begin{array}{r}
2x^2-3x+2 \\
x^2+2x-1 \overline{\smash{\big)}\,2x^4+x^3-6x^2+2} \\
\underline{2x^4+4x^3-2x^2} \\
-3x^3-4x^2+0x \\
\underline{-3x^3-6x^2+3x} \\
2x^2-3x+2 \\
\underline{2x^2+4x-2} \\
-7x+4
\end{array}
$$

$(-) \times (-) = (+)$

III 다항식을 나누는 인수분해

III 아름다운 숫자로 디자인해볼까?

핸드폰에 있는 숫자를 모두 곱하거나 유선 전화기의 숫자를 모두 곱하면 얼마가 될까? 물론 0이다. 0부터 9까지 10개의 숫자가 있으니까. 태희는 심심풀이 장난으로 엄마가 쓰시는 가계부용 전자계산기로 재미있는 것을 발견한다. 11×11을 했더니 121이 되었다. 같은 반 친구 정기정의 이름이 생각났다. 그 친구는 자기이름을 소개할 때, 늘 앞으로도 정기정, 뒤로도 정기정이라고 소개를 하여 새로 만난 친구들에게 한방에 이름을 기억하도록 위트를 발휘하곤 했다. 호기심이 발동하여 이번에는 111×111을 해보았다. 어라? 12321이 아닌가? 당장 기정이에게 전화를 한다. 야! 재미있는 사실을 발견했어!! 우리 수학놀이 해볼래? 수학도 못하는 네가 웬 일? 쪼르르 달려온 기정이와 합세하여 이제는 수학적 미션을 발견하려는 굳은 의지를 가진 용사처럼 새로운 발견에 환호성을 지른다.

$$1 \times 1 = 1$$
$$11 \times 11 = 121$$
$$111 \times 111 = 12321$$
$$1111 \times 1111 = 1234321$$
$$11111 \times 11111 = 123454321$$

"아하! 숫자들이 이렇게 아름다움을 발산하니까 피타고라스 할아버지는 만물은 수라고 외쳐대었구나!" 기정이는 연극의 대사를 암송하듯이 제법이었다. 더 해보고 싶었지만 할 수가 없었다. 엄마의 계산기는 단순해서 더 이상 답을 가르쳐주지 못하는 것이었다. 호기심을 멈출 수가 없어 아빠의 서재로 들어갔다. 책상을 열어보니 얇은 공학용 전자계산기가 옷을 입은 채 연출가의 부름을 기다리듯 누워 있었다. 약간의 죄의식을 가지다가 곧 수학공부라는 명분을 떠올리면서 서슴지 않고 꺼내었다. 자, 우리의 미션을 해볼까? 이미 프로그래밍이 된 게임처럼 아름다운 규칙이 당당하게 등장을 한다. 둘은 일, 십, 백, 천, 만, 십만, …….
하면서 힘겹게 숫자를 읽어본다. 일억이 넘으면 감이 잘 안
잡힌다는 엄마의 말씀을 떠올리면서 일억, 천백십일만, 천
백십일에다가 일억, 천백십일만, 천백십일을 곱하였을 때
읽기도 힘든 숫자가 아름다운 자태를 여전히 뽐내고 있음
을 발견한다. 그것은 수의 계산이 아니라 디자이너의 작품
같았다. "CF의 소재로 써도 되겠는 걸?"

$$1 \times 1 = 1$$

$$11 \times 11 = 121$$

$$111 \times 111 = 12321$$

$$1111 \times 1111 = 1234321$$

$$11111 \times 11111 = 123454321$$

$$111111 \times 111111 = 12345654321$$

$$1111111 \times 1111111 = 1234567654321$$

$$11111111 \times 11111111 = 123456787654321$$

$$111111111 \times 111111111 = 12345678987654321$$

그래서 수는 이미 존재하는 실제라고 주장하는 학자들

과 문화가 발달하면서 만들어진 문화의 부산물로 생각하는 수학자들의 논쟁이 아직도 진행되고 있다는 수학 선생님의 말씀을 상기한다. 둘은 새로운 발견에 기쁨을 느끼면서 "오늘 수학공부는 이것으로 충분해"라고 입을 모은다. 즐겁고 행복한 하루였다.

1권에서 수의 DNA분석방법인 소인수분해를 살펴보았다. 다항식에도 이와 비슷한 성분분석법이 있는데, 이름도 비슷해서 인수분해라고 부른다. 오늘은 그 인수분해를 배우는 날이다. 초등학교 때 우리는 이일은 이, 이이 사, 이삼 육……. 하면서 열심히 구구단을 외웠다.

그리고 구구단 곱셈을 이용해서 소인수분해를 배웠었다. 우리는 다항식에 대해서도 이와 비슷한 일을 해야 한다.

$$(2x-5) \times (4x+3)$$

$$= 2x \times 4x + 2x \times 3 - 5 \times 4x - 5 \times 3 = 8x^2 - 14x - 15$$

다항식의 곱셈은 두 개의 괄호를 펼쳐내는 것이다. 즉,

좌변을 보고 우변을 계산하는 것이다. 이걸 뒤집은 게 바로 인수분해이다. 우변을 먼저 보고 좌변을 찾는 것이다.

$$8x^2 - 14x - 15 = (2x - 5) \times (4x + 3)$$

척~ 봐도 알겠지만 이쪽이 훨씬 어렵다. 묶여진 괄호를 풀어버리는 일이야 은근과 끈기만 있으면 할 수 있지만 없는 괄호를 만들어 내는 일은 끈기로 되는 일이 아니다. 약간의 창의력과 다량의 경험이 필요하다.

그런데 더 작은 괄호로 묶어 내는 작업을 인수분해라고만 하면 약간 부족하다. 수의 연산에서도 $360 = 2^3 \times 3^2 \times 5$와 $360 = 3 \times 120$은 똑같은 360의 분해이지만 완전분해인 앞의 것만을 소인수분해로 인정했었다. 다항식에서도 이처럼 완전분해가 이루어져야 한다.

$x^4 + x^3 - 3x^2 - x + 2 = (x^2 - 1) \times (x^2 + x - 2)$같은 중간분해는 인수분해로 인정받지 못한다.

$x^4 + x^3 - 3x^2 - x + 2 = (x - 1)^2 \times (x + 1) \times (x + 2)$와 같이 모든 괄호가 더 이상 분해 안 될 만큼 쪼개져야 인수분해로 인정한다.

이런 새로운 개념을 만날 때는 꼭 불만을 갖는 학생들이 있다. "지금 있는 것도 벅찬데, 왜 굳이 새로운 지식을 만들어 냅니까?" 자, 소인수분해와 비교해서 인수분해의 필요성을 간단하게 일러 주겠다.

옛날 그리스에서는 수를 가지고 소인수분해를 하던 일은 순전히 철학적 놀이였다. 그런데 이런 수학적 유희는 수

학이 발달하면서 더 이상 취미로 남아있지 못했다. 이제 20세기에 암호학과 소수가 연결되면서 실용학문으로서 그 입지를 확고히 지키고 있다. 자세한 이야기는 생략하지만, 어쨌든 암호에는 굉장히 큰 소수가 최소한 두 개 필요하고, 그걸 만들어 내거나, 혹은 맘대로 찍은 수가 소수인지를 판정하는 기술은 최첨단 기술이 되어버렸다. 그래서 요즘엔 소인수분해를 공부하는 수학자들이 최고의 암호론자가 되어 있다.

이런 와중에도 순수하게 취미생활로 소인수분해를 하는 친구들이 간혹 있긴 있다. 수학과의 괴짜들이 즐기는 놀이 중에 소인수분해 놀이라는 게 있는데, 내용은 이렇다. 친구가 옆에 앉은 단짝에게 종이를 하나 쓱 내민다. 그 위에는 141467이라고 적혀있다. 누구의 전화번호냐고? 아니다. 소인수분해 해보란 소리다. 독자들도 도전해 보고 싶지 않은가? 우선 2나 3이나 5로 나눠본다. 7과 11로도 해본다. 곧 인수분해가 되리라는 희망을 가지고……. 13이나 17로 해보고는 대부분 포기한다. "소수로군." 내지는 "짜증나." 가 일반인들의 결론이다. 하지만 우리의 괴짜 친구 잠시 후에 받았던 종이를 친구 괴짜에게 돌려준다. 그 위엔 이렇게 쓰여 있다. $141467 = 241 \times 587$. 오호~ 난 그들을 보면 가끔 오싹한 기분이 든다. 하지만 이건 애교다. 놀라운 문제 하나만 더 살펴보자.

$$379383237248337051649$$
$$= 81788929 \times 4638564679681$$

신기할 따름이다. 우변의 두 수가 진짜 소수인지 믿을 수 있냐고? 소수 맞다. 확인해 봤다. 사실 이 두 소수는 실제 암호에 쓰이는 수를 비밀리에 어렵게 빼낸 것이다. -.- 이런 게 배우고 싶거든 수학을 전공해 봐라. 조금은 빠른 비법을 알 수 있게 된다.

"소인수분해는 그렇다 치고 그럼 인수분해는 왜 합니까?" 호기심에서 출발하여 확실한 응용 수학으로 발전한 소인수분해와는 달리 인수분해는 처음부터 뚜렷한 목적의 식 속에 탄생하였다. 인수분해는 방정식풀이에 꼭 필요하다. 방정식은 다음 책에서 자세히 배우겠지만, 인수분해를 해서 완전히 쪼개질 때, 쉽게 답이 나온다. 그런 과정에서

식을 분해하고, 다루는 기술이 필요했고, 인수분해가 발전한 것이다.

정수의 소인수분해와 다항식의 인수분해는 공통점이 또 하나 있다. 바로 결과가 유일하다는 것이다. $6=2\times3$일 뿐 다른 소인수분해는 없다는 말이다. 물론 여기서 순서를 바꿔 3×2로 쓴다거나, 부호를 바꿔서 $(-2)\times(-3)$으로 쓴다거나 심지어 1을 집어넣어 $1\times2\times3$으로 쓰는 등의 일체의 꼼수는 배제할 때 말이다. 그리고 이런 성질은 다항식에서도 유지가 돼서, 다항식도 순서, 부호, 상수조작 따위를 제외하면 인수분해가 유일하다. 상수조작이란 $(x-1)\times(x-2)$를 $(2x-2)\times(0.5x-1)$로 바꾸는 건 유일한 것으로 본다는 말이다. 여기서 또 질문 한 가지! "인수분해가 유일한 게 그렇게 특별한 일입니까? 당연한 거 아녜요?" 천만의 말씀. 인수분해가 유일한 집합은 대단히 희귀하고 드문 것이다. 정수는 인수분해가 유일하지만 가우스(Gauss) 정수는 인수분해가 유일하지 않다. $1+i$나 $3-2i$ 처럼 정수에 허수단위 i를 붙여 복소수를 만든 걸 가우스(Gauss) 정수라고 하는데, 이 집합은 인수분해가 여러 개 나온다.

정수에서는 요지부동 $5 = 1 \times 5$뿐이던 소인수분해가, 가우스(Gauss)를 만나고 나서는 $5 = (1+2i) \times (1-2i)$와 같이 다른 방식으로도 쪼개진다. 그리고 이 세계에서 $1+2i$와 $1-2i$는 약수로 인정받기에 소인수분해가 된 것이다. 즉, 인수분해 방법이 두 가지가 공존하는 것이다!!

2 중학 수학의 하이라이트
- 인수분해의 실전

지난 시간에 살펴본 인수분해의 개념을 오늘은 실제 연습하는 날이다. 이 단원은 중학교 수학의 하이라이트라 할 수 있다.

인수분해의 공식은 구구단의 개수만큼 다양하다. 그러나 학교 수학에서 다루는 내용은 10여 개 안팎이고, 이 책에서는 그중 가장 기본이 되는 서너 가지만 다룰 것이다. (이 책은 내신 참고서가 아니므로…….) 오늘의 목표는 세 가지의 패턴을 익히는 것인데, 해피엔딩을 위하여 어려운 문제를 먼저 배워보자.

$$8x^2 - 14x - 15$$

위 식을 펼쳐내기 전에는 어떤 모양이었을까? 당연한 이 야기지만 괄호가 두 개 있었을 것이다. 그래서

$$(\qquad) \times (\qquad)$$

저 괄호 속에는 무엇이 들어있을까? 우선 $8x^2$을 관찰해 보자. 가능성은 4가지다.

$$x \times 8x, \ 2x \times 4x, \ (-x) \times (-8x), \ (-2x) \times (-4x)$$

물론 $0.5x \times 16x$일 가능성도 있지만, 그건 최악의 경우 다. 일단은 상식선에서 생각하자. 다음은 상수항을 관찰해 보자. 상수항은 -15이고, 따라서 이 가능성도 4가지이다.

$$1 \times (-15), \ 3 \times (-5), \ 5 \times (-3), \ 15 \times (-1)$$

그 다음이 어렵다. 아니 어렵다기 보단 사실 좀 귀찮다. 운도 좀 따라야 한다. 가운데 항이 $-14x$가 나와야 하는 데, 이건 우리 집 x와 두실이네 상수항, 그리고 두실이네 x와 우리 집 상수항이 뒤섞인 거라 한 번에는 못 찾는다. 은근과 끈기를 발휘해야하는 부분이다. (여기가 어려우면

무기 3으로 돌아가시오!!) 우선, x와 상수항 후보로 거론되는 것들을 모두 배열해 본다.

$8x^2$이 나오려면?	$x \times 8x$				$2x \times 4x$			
-15가 나오려면?	1, -15	3, -5	5, -3	15, -1	1, -15	3, -5	5, -3	15, -1

$8x^2$이 나오려면?	$(-x) \times (-8x)$				$(-2x) \times (-4x)$			
-15가 나오려면?	1, -15	3, -5	5, -3	15, -1	1, -15	3, -5	5, -3	15, -1

인수분해 초보자는 위의 표를 보면 기겁을 한다. 그렇지만 놀라지는 말자. 처음에만 이렇게 해보는 것이다. 그리고 숙달되어 한눈에 바로 가운데 항을 찾아내는 게 바로 이 문제의 목표 지점이다. 초보 때는 시행착오를 반드시 거쳐야 한다. (비법 사절!) 우리도 고생을 각오하고 시작해보자. 위 표의 16가지 후보 중에서 자신의 경험을 최대한 살려 그럴듯한 배치를 해보는 거다.

$$(x-3) \times (8x+5)$$

그야말로 아무렇게나 배열해 보았다. 찬찬히 함께 펼쳐
보자. 풀어보면 이차항은 당연히 $8x^2$이다. 맨 뒤 상수항도
당연히 잘 맞는다. (왜 당연할까?) 문제는 가운데 항이다.
우리의 무기 3을 이용해서 떨리는 마음으로 전개를 해본
다. 두둥~ 결과는 $-19x$ 잘못 찍은 거다.

$$(4x-15) \times (2x+1)$$

이 식은 어떤가? 역시 이차항과 상수항은 당연히 맞는데, 가운데가 $-26x$로 어긋난다. 두 번째 낙방이다. 마음 속에 때려 치고 싶은 마음이 들 때, 그때가 고비다. 한 번만 더 해보자.

$$(2x-5) \times (4x+3)$$

이번에 안 되면 정말 그만둔다는 마음으로 조심스레 괄호를 풀어 해쳐보니 $-14x$로 기대하고 기대하던 정답이 나왔다. 이것은 좀 어렵긴 하지만 꼭 익혀야 할 무기이다.

우리의 무기 4
은근과 끈기로 가운데
항을 맞춰내자.

어려운 문제를 배웠으니 다행이다. 좀 더 쉬운 다음을 보자.

$$x^2 - 8x + 15$$

x^2 앞에 수가 붙어 있지 않아서 앞의 설명보다 훨씬 쉽

다. 해피엔딩을 위하여 쉬운 문제를 뒤로 보내는 센스~ 상수항이 15가 되는 후보들을 나열해 보자.

$$1 \times 15, \ 3 \times 5, \ (-1) \times (-15), \ (-3) \times (-5)$$

이걸 더해서 가운데 수 -8이 나오는 걸 찾으면 된다. 답은 -3과 -5. 따라서

$$x^2 - 8x + 15 = (x-3) \times (x-5)$$

아까 보다 훨씬 쉽다.

이제 가장 쉬운 오늘의 마지막 공식이 나온다. 필자도 교수님께 들은 이야기인데 오래 전에 서울대학교 인근 먹자골목에는

$$x^2 - y^2$$

이라는 술집이 있었단다. 이게 뭐냐고? 인수분해에 가장 기초적인 공식이다. 얼마나 유명하면 술집의 간판으로 걸렸을까. 하지만 아직 이 유명한 공식을 모르는 학생을 위해 이곳에 소개하기로 했다.

$$x^2 - y^2 = (x+y) \times (x-y)$$

이 공식은 $102^2 - 98^2$과 같은 터무니없는 계산을 재빠르게 처리해주고, 분모의 유리화에도 많이 쓰인다. $x^8 - 1$ 같은 고차식에도 응용되니 진정으로 술집간판에 손색없는 다용도 인기 공식이다.

사실 인수분해는 많이 연습해도 티도 안 나고 알만하다 싶으면 새로운 문제가 튀어나와서 공부하기에 제법 까다롭다. 무슨 비법이 있는 것도 아니니, 쉽지 않은 녀석이 끈기까지 요구한다. 그래서 낙오자가 많이 생기는 부분이다. 그렇다 하더라도 인수분해는 학교수학에서 절대 빠질 수가 없다. 계산을 못하면 그 위에 원리고 창의력이고 쌓이지 않기 때문이다.

그래도 정말 인수분해가 어려운 학생은 지금 제시해준 괄호 두 개짜리 인수분해와 3권에 등장할 불꽃 반응만이라도 꼭 익혀두기 바란다. 이들은 '시험 문제용으로 억지로 만든' 인수분해가 아니고, 수학을 공부하는 과정에서 계속 반복되는 '필수적인' 인수분해이기 때문이다. 나의 고등학교 은사님께서는 수학을 잘하는 첫째 비결로 인수분해 연습을 꼽으셨을 정도다.

쑥과 마늘의 철학

수학을 잘 하려면 끈기가 필요하다.

또 한 가지. 곱셈공식과 인수분해는 따로 놀면 안 된다. 인수분해를 전혀 새로운 단원으로 접하고 있거나, 지금의 설명 세 가지가 곱셈공식과 자연스레 연결되지 않는 친구들, 그래서 인수분해의 방법이 '당연하게' 느껴지지 않고 무슨 특별한 '비법'으로 느껴지는 친구들, 두 번째 설명이 첫 번째 설명의 특수한 경우라서 같은 방식으로 풀어도 되는 것을 깨닫지 못한 친구들, 등등의 친구들은 곱셈공식의 숙제를 조금 더 해주기 바란다.

곱셈공식에 자신이 붙은 친구는 지난번에 숙제했던 반으로 접힌 연습장을 이용해서 그때와는 반대의 연습을 해보자. 즉, 펼쳐진 다항식을 괄호로 묶는 연습 말이다. 새로운 문제를 만들려 하지 말고, 지난 숙제에서 나온 우변을 문제로써 재활용하라. (이유가 있다.) 그 작업이 어느 수준 이상이 되면 이제 새로운 이차식을 만들고 그걸 쪼개보는 훈련을 하라. 모든 이차식이 일차식으로 쪼개지는가?

3 당신은 누구입니까?
- 인수분해 복습 문제

이제 좀 익숙해졌겠지만 진우 쌤은 좀 어려운 설명이 나온다 싶으면 쎈스있게 연습시간을 제공하는 버릇이 있다. 스타나 카트만큼은 아니지만 나름 재미있을 것이라고 확신한다.

◆ 게임 방법

인수분해 안 된 다항식이 제시되어 있다. 그리고 아래 보기에는 교묘하게 비슷한 선택지들이 섞여있다. 주어진 다항식을 인수분해해서 나온 보기만이 정답이다. 뜬소문에 현혹되지 않도록!!

$x^2 + 10x + 16$을 인수분해 해보세요~.

① $(x-8)(x-2)$ 쌤은 광주에서 태어나셨대.

② $(x+8)(x-2)$ 아냐, 대구에서 태어나셨대.

③ $(x+8)(x+2)$ 인천이라던데.

④ $(x+1)(x+16)$ 평양이야, 평양.

⑤ $(x-1)(x-16)$ 광주면 어떻고 대구면 어떠냐. 나랑 무슨 상관있다고.

선생님은 어떤 스타일의 여자연예인을 좋아할까요?

$3x^2 + 10x + 8$을 인수분해 해보세요~.

① $(3x+4)(x-2)$ 늘씬하고 예쁜 박정아 스타일이래.

② $(4x+3)(x+2)$ 귀여운 손예진 좋아한다던데.

③ $(3x-4)(x-2)$ 섹씨 미녀 이효리겠지~.

④ $(3x+4)(x+2)$ 최강 눈웃음 서민정도 괜찮지?

⑤ $(4x+3)(2x+1)$ 평양 처녀일꺼야.

Ⅲ. 다항식을 나누는 인수분해

133

$2x^2+7x-22$를 인수분해 해보세요~.

① $(2x+11)(x+2)$ 고향을 보니 대한항공 배구단?

② $(2x+11)(x-2)$ 롯데 자이언츠 열성팬이래.

③ $(2x-11)(x-2)$ 수원 삼성 축구단도 인기 많은데.

④ $(11x+2)(x-2)$ LG 트윈스도 좋잖아.

⑤ $(11x+2)(x+2)$ 전주 KCC가 짱이지.

x^2-25를 인수분해 해보세요~.

① $(x-5)(x+5)$ 쌤은 강원도 최전방에서 군 생활을 했다네.

② $(x+5)(x+5)$ 믿을 수 없어. 면제 아닐까?

③ $(x-5)(x-5)$ 공부를 계속하면 병역특례도 있잖아.

④ $(x+1)(x+25)$ 의무경찰도 많이 가던데.

⑤ $(x-1)(x-25)$ 자이툰 부대는 아니겠지?

선생님은 어떤 악기를 다룰 수 있을까요?

$x^2 - 9x + a$를 인수분해 하니 $(x-5)(\ ?\ )$이 되었다.

괄호 부분은?.

① $(x-1)$ 쌤은 피아노를 꽤 친데.

② $(x-2)$ 바이올린도 켤 줄 안다던데.

③ $(x-3)$ 가야금은 어떨까?

④ $(x-4)$ 기타는 좀 친다던데.

⑤ (x) 쌤은 뭐 하나 제대로 하는 게 없데.

4 두 다항식의 성분 분석
─ 최대공약수와 최소공배수

1권에서 우리는 바보들의 취미를 배우면서 정수의 최대 공약수와 최소공배수를 배웠다. 다항식에서도 이와 똑같은 개념이 있다. 개념이 비슷하니 계산 방식도 비슷해서 배우기에 어렵지 않다. 만약 정수의 최대공약수와 최소공배수에 자신이 없다면 간단히 복습을 하고 돌아오는 것도 좋은 방법이다. 그럼, 다음 두식을 인수분해하면서 이야기를 시작해 보자.

$$x^2-3x+2 = (x-1)(x-2)$$

$$x^2-1=(x-1)(x+1)$$

인수분해 결과에서 무언가 공통점을 찾아내었는가? 두

식은 모두 $(x-1)$이라는 인수(약수)를 가지고 있다. 따라서 공통된 약수는 $(x-1)$이 된다. 최소공배수는 위의 식과 아래의 식 모두의 배수가 되어야 한다.

즉, 최소공배수 속에는 $(x-1)(x-2)$도 들어 있어야 하고, 동시에 $(x-1)(x+1)$도 들어 있어야 한다.

따라서 두 다항식의 최소공배수는 $(x-2)(x-1)(x+1)$이 된다.

좀 더 복잡한 문제를 풀어보자.

$$(x-1)^2(x-2)(x+3)^3$$
$$(x-1)(x-2)^2(x+3)^2(x+4)$$

두 식의 공약수는 무엇일까? 공약수는 말 그대로 공통인 약수이므로, 위아래 모두 등장하는 것을 말하므로, $(x-1)$이나 $(x-2)$, 그리고 $(x+3)$과 $(x+3)^2$ 모두 가능하다. 물론 $(x-1)(x+3)$도 공약수 중 하나이고, $(x-2)(x+3)^2$도 공약수 중의 하나이다. 이러한 공약수 중에서 가장 크게('꽉~차게'라는 표현이 적당하다.) 만들어지는 공약수가 최대공약수이므로 바로 $(x-1)(x-2)(x+3)^2$이다. 최

소공배수는 이와는 반대로 양쪽 모두를 머금을 수 있는 최소한의 다항식을 말한다. 따라서

$$(x-1)^2(x-2)^2(x+3)^3(x+4)$$

가 된다. 여기서 한 가지 더 알아 둘 것은 기본 다항식에 상수를 붙인

$$2(x-1)(x-2)(x+3)^2$$
$$3(x-1)(x-2)(x+3)^2$$

등도 최대공약수로 인정된다는 것이다. (최소공배수도 마찬가지다.) 그러나 통일성을 기하기 위해 가장 앞에는 아무것도 붙이지 않는 모양을 표준으로 한다. 다항식의 최대공약수와 최소공배수에 대해서도 정수에서 성립하는 다음 성질

$$LG = 두 식의 곱$$

이 성립한다. L이란 최소공배수를 의미하는데, 영단어 little를 떠올리면 기억하기 쉽고, G는 최대공약수를 의미하는데, 역시 영단어 great를 떠올리면 된다. 위 설명에 등장

한 예를 통해서 LG공식이 성립하는지 각자 확인해 보아라.

최대공약수와 최소공배수는 인수분해나 소인수분해를 통해서 찾는 것이 첫 번째 방법이지만 그것이 쉽지 않은 경우를 위해서 두 번째 방법을 소개해 주겠다. 예를 들어

8190과 1547의 최대공약수, 또는

$$x^{10} - 9x^4 + 6x^3 - 2x^2 + 4 와 \ x^8 + x^5 - 5x^2 - 2x + 5 의$$

최대공약수를 찾아야 하는 상황이라면 인수분해에 의한 방법은 별로 적당하지 않다는 것을 금방 알게 된다. 설명이 더 커지기 전에 간단한 이야기를 하나 들어보자. 수종이네 아빠는 수종이 할아버지랑 닮은 점이 하나 있다. 얼굴이 동그랗고 특히 볼에 살이 통통하다. 그런데 수종이도 아빠를 닮아서 얼굴이 동그랗고 볼이 탱탱하다. 나중에 수종이가 커서 아들을 낳으면 수종이 아들도 얼굴이 동그랗겠지? 수종이는 가끔씩 상상을 해본다. 난데없는 이야기 같지만 교훈이 있다. 바로 '공통점의 전달!'

이제 이야기의 교훈을 활용해 보자. 20과 12의 최대공약수가 4라는 것은 쉽게 구할 수 있지만 위의 이야기와 연관지어 조금만 더 탐구해보자. 할아버지와 아빠의 공통점이 아들에게 전달된다고 했는데, 여기서는 어떻게 될까? 할아버지가 20이고 아빠가 12라고 생각해 보자. 그리고 좀 억지스럽지만 아들은 20 − 12인 8로 잡는다. 그러면 20과 12의 최대공약수 4가 12와 8의 최대공약수가 되기도 한다. 할아버지와 아빠의 공통점이 아빠와 아들의 공통점으로 전달되는 순간이다.

이 방법이 좋다는 것을 더욱 실감할 수 있게 조금 큰 수를 가지고 실험해 보자. 할아버지를 288로 잡고 아빠를 120으로 잡아서 288과 120의 최대공약수를 찾아보자. 그리고 우리의 작전을 위해서 아들을 찾으러 가자. 아들은 288−120＝168∼ 허걱, 아빠는 120인데 아들이 168이라니. 이건 아닌 것 같다. 288−120−120＝48. 즉 120을 두 번 빼고 남은 나머지 48이 아들이 되는 것이 합리적이다. (168을 아들로 잡아도 사실 답은 나온다.) 이제는 아빠인 120과 아들인 48의 공약수를 찾으면 되는데 아직도 공약수가 뭔지 감이 잘 안 온다. 아들이 무럭무럭 자라 또 자기의 간난쟁이 아들을 낳는 모양을 생각해보자. 간난쟁이 아들은 120−48−48이 되어 24가 태어난다. 그럼 아들과 간난쟁이의 공통점, 즉 48과 24의 공약수를 찾으면 된다. 아∼ 이제 보인다. 48과 24의 최대공약수는 바로 24이다!! 24가 바로 할아버지 288과 아빠 120의 최대공약수이기도 한 것이다. 어때∼ 재미있지?

이제 본격적으로 수를 키워서 8190과 1547의 최대공약수를 구해보자.

① 8190과 1547 사이의 최대공약수가 한눈에 보이는가?

아직 할아버지와 아빠의 최대공약수는 보이지 않는다.

아들을 구하러 가자.

아들은 8190과 1547 사이의 나머지~.

$8190 - 1547 - 1547 - 1547 - 1547 - 1547 = 455$

또는 더 간단히

$8190 = 1547 \times 5 + 455$이므로 나머지는 455이다.

② 이제는 아버지와 아들, 즉 1547과 455의 최대공약수를 찾으면 된다.

아직 아빠와 아들의 최대공약수는 한눈에 보이지 않는다.

간난쟁이 아들을 구하러 가자.

$1547 = 455 \times 3 + 182$이므로 나머지는 182이다.

③ 이제는 아들과 간난쟁이 아들, 즉 455와 182의 최대공약수를 구하면 된다.

아직도 두 수의 최대공약수는 보이지 않고 가물가물

하다.

아들의 간난쟁이 아들의 또 아들을 구하기 위해

455와 182 사이의 나머지를 구한다.

$455 = 182 \times 2 + 91$이므로 나머지는 91이다.

④ 이제 182와 91의 최대공약수를 구하면 되는데······.

아~ 드디어 보인다! 두 수의 공통점 91이 보인다.

최대공약수가 보이면 멈추면 된다.

간난쟁이와 그 녀석의 아들 91이 우리가 그토록 구하

려던 할아버지와 아빠의 공통점 즉 8190과 1547의

최대공약수이다.

⑤ 최대공약수가 결정되었으므로 최소공배수는 LG공식

을 이용해서 구한다.

즉, $L \times 91 = 8190 \times 1547$에서 139230이 최소공배

수이다.

우리의 무기 5

아들을 구하러 가자.

쉽지 않은 내용을 쉽게 전달해준 볼살 탱탱 수종이와 그

가족에게 감사드리며 이번에는 똑 같은 원리를 다항식에

적용해보자. 좀 힘들더라도 책 집어던지지 말고 인내하자.

쑥과 마늘의 철학을 가지고.

$$x^4 + 3x^3 - 2x^2 - 3x - 5$$

$$x^3 + 7x^2 + 7x + 6$$

① 두 식의 최대공약수가 한 눈에 보일 리가 없다.

따라서 두 식 사이의 나머지를 구한다.

수학적으로 '정확한' 나머지는

$x^4 + 3x^3 - 2x^2 - 3x - 5 = (x^3 + 7x^2 + 7x + 6)$
$\times (x - 4) + 19x^2 + 19x + 19$이다.

그런데 아들이 아버지보다 더 큰 것을 허락한다면

$x^4 + 3x^3 - 2x^2 - 3x - 5$
$= (x^3 + 7x^2 + 7x + 6) \times x + (-4x^3 - 9x^2 - 9x - 5)$

라고 식을 써도 괜찮다. 이것은 위의 식과는 달리 정확

하게 '나머지'를 구한 것이 아니란 것은 꼭 알아두자.

정확성을 원할 때는 위의 것을 써야하고 편리함을 원

할 때는 아래 것을 써도 된다. 둘 다 답은 나온다. 정

확한 식을 따라가 보자.

② 이제 새롭게 아버지와 아들

x^3+7x^2+7x+6과 $19(x^2+x+1)$의 최대공약수를

구한다.

앞 페이지의 설명을 잘 들은 사람은 19를 떼고

x^3+7x^2+7x+6과 x^2+x+1의 최대공약수를 구해

도 된다는 것을 눈치챘을 것이다.

아직 두 식의 최대공약수는 잘 모르겠다.

다시 간난쟁이 아들을 구하러 가자.

정확한 식 : x^3+7x^2+7x+6

$$= (x^2+x+1) \times (x+6) + 0$$

편리한 식 : x^3+7x^2+7x+6

$$= (x^2+x+1) \times x + (6x^2+6x+6)$$

③ 정확한 식을 쓴 사람은 2단계에서 끝이 나고

편리한 식을 쓴 사람은 x^2+x+1과 $6x^2+6x+6$의

최대공약수를 구하면 된다.

둘 다 x^2+x+1이 최대공약수라고 말해준다.

A	B	최대공약수를 구한다. 안 보이면 다음으로…
	B	C (나머지)	최대공약수를 구한다. 안 보이면 다음으로…
		C	D (나머지)	최대공약수를 구한다. 안 보이면 다음으로…
			D	E (나머지)	최대공약수가 보인다. 끝~

정신이 하나도 없고 힘들지? 한숨 한번쉬자. 다 끝났다. 그리고 간단한 이야기 하나 들으면서 머리 좀 식히자.

위의 놀라운 방법은 그리스의 수학자 유클리드가 기원전 300년경에 생각해낸 방법이다. 나는 이런 사람을 보면 도무지 믿기질 않는다. 기원전 300년이면 서양의 예수보다도 우리의 고주몽 임금보다도 300년은 앞선 사람인데, 그 시절에 이런 생각을 했다니……. 아! 좌절감이 밀려온다. 어쨌든 그는 자신의 책 『원론』 7권과 10권에서 이 방법을 소개하고 있다.

이런 방법을 사용한 또 다른 수학자는 브라마굽타를 들 수 있다. 이름만 척 들어도 인도 사람임이 분명한 그는 628년에 쓴 자신의 책에서 방정식 $rx+c=sy$ 를 해결할 때 이 아이디어를 사용했다. 고대 수학의 또 한 축인 중국에서도 같은 방법이 등장한다. 중국 수학의 최고봉은 뭐니뭐니해도 구장산술인데 구장산술은 고대 중국에서 만들어진 이래로 수천 년간 중국은 물론 한국 등 이웃 나라에서 독보적인 수학 교재로 자리를 지켜왔다. 구장산술이 이처럼 대히트를 치자 그 아류인 또 다른 구장수학이 등장한다. 1247년 진구소(秦九韶)가 저술한 수서구장(數書九章)도 구장산술의 영향을 받은 저술인데, 여기에서 $Nx = mk + 1$이라는 문제를 풀기 위하여 유클리드와 같은 방법을 이용하고 있다. 이렇게 다양한 국가와 시대에 유클리드 호제법이 등장하는 것에 대하여 수학 역사가들이 서로의 관계를 조사해 보았으나, 유클리드의 영향이 동양으로 전파된 것인지, 각 나라에서 독자적으로 발견한 것인지는 알려지지 않고 있다.

5 0을 포함한 정수
─ 정수와 다항식의 비교

　어제 머리를 너무 많이 썼으니 오늘은 옛날 이야기시간이다. 이~야호~!! 우리는 지금 다항식의 성질을 하나씩 배워 나가고 있는 중이다. 우선 다항식의 덧셈, 뺄셈, 곱셈, 나눗셈을 배웠고 곱셈과 연결해서 인수분해를 배웠다. 인수분해를 이용해서 최대공약수와 최소공배수를 배웠고, 최대공약수를 구하는 특별한 방법으로 유클리드 호제법도 알아보았다. 그런데, 이 모든 내용들은 다항식뿐만 아니라 정수에도 그대로 있는 것들이어서, 우리는 새로운 지식을 배운다기보다는 정수에서 배운 내용을 확장하고 있다는 느낌이 더 강하게 든다. 사태가 이렇게 되면, 다항식과 정수는 어떤 유사성이 있는지 추리를 누구나 한 번은 하게 된다.

하물며 비교하고 일반화시키기 좋아하는 수학자들이 이것을 그냥 놔두었을 리가 없다. 오늘은 두 가지 대상을 놓고 수학자들이 고민했던 역사의 발자취를 살짝 되짚어보자.

우선 정수에 대해 깊게 연구한 학자로는 힐베르트(David Hilbert, 1862~1943)를 꼽을 수 있다. 그는 정수에 'ring'

이라는 근사한 이름을 붙여주었다. 반지를 뜻하기도 하고 고리를 뜻하기도 하는 바로 그 링이다. 그래서 나는 개인적으로 힐베르트를 반지의 제왕이라고 기억하고 있다. 그리고 이 링이라는 이름을 후배 수학자들이 더욱 정비하여 그 뜻을 명확히 규정했다.

이 후배 학자들 중에 또 잊지 못할 사람이 있으니, 바로 독일의 여류 수학자 뇌터(Emmy Noether, 1882~1935)이다. 이름이 '애미'여서 아버지도 어머니도 심지어 친구들도 "애미야~"라고 불렀다는 그 썰렁한 개그의 주인공 애미 뇌터 말이다. 그녀는 독일의 에를랑겐(Erlangen) 대학에서 1907년에 박사학위를 받음으로써 꿈의 20代 박사라는 업적을 달성했고 꾸준한 연구 활동을 하여, 이윽고 1915년에 반지의 제왕 힐베르트로부터 괴팅겐(Götingen) 대학의 강사로 초빙 받는다. 그러나 당시의 독일은 몹시 보수적이었다. 대학의 위원회가 그녀가 여성이라는 이유만으로 아예 임용 후보에서 거론조차 하지 않은 것이다. 이때 힐베르트가 대학의 위원회를 향하여 수학사에 길이 남는 명언을 남겼다. "여기는 대학이지 목욕탕이 아니다!!" 참으로 날카로운 발언이다. 목욕탕 사건 이후로도 힐베르트가 뇌터에 대해 가진 애정은 식지 않았다. 결국 힐베르트는 자신의 이름으로 개설된 강좌에 뇌터를 강사로 기용하는 편법을 써서 그녀가 강의하도록 기회를 주었다. 그녀는 스승의 은혜에 보답이라도 하듯 후에 『정수의 이상적 이론(Ideal Theory in Rings』이라는 기념비적인 논문을 발표함으로써 대수학계의 스타덤에 올랐다. 그리고 1차 대전의 말미에 붙어 닥친 사회정치적 변화와 맞물려 마침내 괴팅겐 대학의 교수자리를 맡게 된다. 그 후 10년간 뛰어난 업적으로 현대 대수학의 기반 확립에 많은 영향을 주었으나, 이번에는 괴팅겐의 유태인 차별 정책에 휘말려 결국 대학을 떠나고 말았다.

이제 다시 링으로 돌아오자. 링이라는 것은 세 가지 특별한 관문을 통과한 집합에 붙이는 명예로운 이름인데, 첫 번째 관문은 덧셈이 자유로워야 한다는 것이다. 자유롭다는 말은 의외로 수학적인 말이어서 정확히 설명하면 복잡해지지만, 대체로 덧셈의 결과가 잘 나와야하고, 덧셈과 반대인 뺄셈도 자유로워야 하며, 기준점인 0이 확실히 존재해 주면된다. 그리고 교환법칙과 결합법칙을 쓸 수 있어야

Ⅲ. 다항식을 나누는 인수분해

한다. 이렇게 들으면 링의 첫 번째 관문은 너무 허술해 보인다. 우리가 알고 있는 대부분의 집합이 이 조건을 통과할 것 같다. 맞는 말이다. 우리가 알고 있는 많은 집합이 이 1차 예선을 통과한다. 다만 자연수 안에는 0도 없고, 뺄셈도 조심스럽다는 이유로 1차 예선에서 탈락한다. 우리의 관심인 다항식의 집합도 가뿐하게 1차 예선을 통과하고 2차 예선을 기다린다.

링이 갖추어야 할 두 번째 조건은 더욱 단순하다. 곱셈이 잘 정의되고 결합법칙이 가능하면 된다. 나눗셈을 요구하지도 않고 교환법칙은 따지지도 않는다. 1차 예선을 통과한 후보들이 무더기로 2차 예선도 통과한다. 링이 될 수 있는 마지막 조건은 무엇일까? 3차 예선도 간단하다. 단지 분배법칙이 잘 성립하면 된다. 이리하여 2차 예선을 통과한 많은 집합들이 3차 심사까지 최종 합격하여 반지 또는 고리라는 명예를 얻게 된다. (사실 우리말 표준번역은 '환'이다.) 물론 우리의 관심 항목인 다항식도 잘 참고 견뎌 3차 예선을 통과했고 정수도 마찬가지이다. 이렇게 되면 독자들은 약간의 실망감을 느낄 것이다. 거창한 테스트를 통해 3차

심사까지 거친 링이라는 것들이 별 신통치도 않고 흔해 빠진 것들이기 때문이다. 하지만 이런 과정을 통해서 수학자들은 덧셈, 뺄셈, 곱셈, 나눗셈의 특징을 아주 단계적이고 세밀하게 살필 수 있어서 대수학의 발전에 유용한 방법이 된다.

링의 윗단계로 수학자들은 들판이나 마당이나, 야구장 골프장 따위를 뜻하는 'field'라는 자격제도를 도입했다. 링이 너무 흔해서 재미가 없다는 팬들의 항의를 받아들여 2차 관문을 좀더 강화한 것이다. 즉, 덧셈이 1차 관문에서 '자유롭게'라는 조건을 심사받은 것처럼 2차 예선에서 곱셈에게도 '자유롭게'라는 조건을 부과한 것이다. 앞서 말했듯 곱셈이 자유롭다는 것은 그 반대인 나눗셈의 자유도 보장되어야 하는데, 우리의 관심사인 다항식의 집합은 이 2차 관문을 통과하지 못해 주저앉고 만다. 그리고 다항식과 여러모로 성질이 비슷한 정수의 집합도 역시 동반 탈락한다. 여기서 의아해 하는 독자들이 있을지 모른다. "정수도 나눗셈 할 수 있잖아요~."라며 볼멘소리를 한다. 그러나 그렇지 않다. 예를 들어 $7 \div 2$를 계산할 경우 답은 3.5

가 되어 정수 밖으로 튀어나가든지, 그게 싫으면 몫이 3이고 나머지가 1이라는 식으로 답을 내야한다. 이것은 나눗셈이 자유롭게 이루어지지 못한다는 뜻이다. 다항식도 같은 이유로 탈락을 했다. 사칙 연산이 자유로운 유리수나 실수 등이 field(우리말 표준 번역은 '체'이다.)의 자격을 획득하는 것을 정수나 다항식은 멀찍이서 바라보고만 있어야 했다.

이때, 이들과 함께 2차 예선에서 탈락한 또 하나의 유명한 집합이 있으니 바로 행렬이다. 행렬도 덧셈은 자유롭지만 곱셈이 까다롭다는 것은 조금만 공부하면 아는 사실이다. 수학자들은 다시 이들 탈락자를 대상으로 세부 조사 작업에 들어갔다. 필드가 되지 못한 링을 대상으로 (뭔지 용이 되지 못한 이무기의 느낌이다.) 다시 등급조정에 나선 것이다. 이 과정에서 행렬은 곱셈의 교환법칙이 안 된다는 이유로 조기 탈락하지만 정수와 다항식은 교환법칙의 관문을 함께 통과했다. 그들은 1을 포함해야한다는 조건까지 함께 통과했으나, 나눗셈의 관문에서 동반 탈락함으로써 그 둘의 사칙연산 구조기 매우 흡사하다는 섯이 수학적으로 밝혀지게 되었고, 따라서 그 둘이 왜 그토록 공통점이 많은지도 밝혀지게 되었다. 수학자들은 등용문의 마지막 관문에서 탈락한 이들에게 "정수를 닮은 영역"이라는 명예로운 지위를 선사했으며 또 다시 그 안에서 벌어진 심사에서 두 집합은 나눗셈의 몫과 나머지를 구하는 방법이 몹시 비슷하다는 이유로 "유클리드 형 정수 꼴 영역"에 함께 당선되었다. 그리고 이것으로 말미암아 UFD라는 근사한 명예도 자동으로 수상하게 된 것이다. 이것이 정수와 다항식의 닮은꼴 숨은 이야기의 전모이다.

6 덧셈, 뺄셈, 곱셈, 나눗셈 이외의 연산
- 연산의 일반화

　우리가 태어나서 지금까지 살아오는 동안 덧셈, 뺄셈, 곱셈, 나눗셈 이외의 연산을 만날 일은 거의 없었다. 그것도 사실 덧셈이나 뺄셈이 전부이지, 나눗셈은 야유회 갈 때 회비 나눠내기 말고는 해본 기억이 가물가물하다. 그런 우리에게 수학교과서는 가끔 제 5의 연산을 요구한다. 주로 ⊙ 기호나 ＊ 기호를 달고 나오는데, 도무지 이해할 수가 없다.

　하지만 현재까지 우리가 쓰는 연산의 공통점을 잘만 따져보면 그들이 그리 어려운 문제는 아니다. 우선 사칙연산의 공통점은 두 수를 연결한다는 것이다. 등장인물이 둘인 것은 세상에 참 많은데, 『수학 유전자』라는 책에는 결혼노 두 명이 한다는 것을 지적하면서 결혼을 연산에 비유했다.

얼핏 그럴듯하다. 더하기도 둘이 하는 거고, 결혼도 둘이 하는 거다. (가끔 세 명이 얽히기도 하는데 대단히 곤란하다.) 그리고 더하기를 하면 새로운 수가 나오고, 결혼을 하면 새로운 존재가 탄생한다. 즉, 결혼을 하면 남녀가 따로따로가 아니고 '한몸'이라고 말한다. 떨어질 수가 없는 거다. 결혼식의 주례사를 떠올려보면 이해가 간다. 새로운 연산이란 이렇게 단순한 거다. 둘이 만나서 새로운 하나가 탄생하면 그게 연산이다. "두 수가 만나면 그 두 수를 더하고 '보너스'로 1을 또 더하라."라는 명령이 있다면 이것도 역시 새로운 제5의 연산이 된다.

새로운 연산을 정의할 때는 항등원이라는 것을 종종 묻는다. 항등원이란 덧셈에서는 0, 곱셈에서는 1을 말하는데, $3+0=3$이나, $5 \times 1=5$ 처럼 처음과 같은 결과가 나올 때 그 수를 항등원이라고 부른다. 덧셈의 항등원은 0이라고 외워버리면 쉬운데, ⊙의 항등원은 도통 모르겠다.

『수학 유전자』에서는 결혼에도 항등원이 있다는 황당한 상상을 한다. '항등녀'라는 여자가 있는데, 이 여자는 자기 남편에게 전혀 영향을 안 주는 여인이란다. 있으나 마나하

고, 남자에게 무슨 영향을 주지도 않고, 심지어 남자는 결혼한 사실 자체를 잊고 지내는 그런 여자란다. 그렇지만 이 비유는 좀 억지스럽다. 그저 '있으나 마나한'이라는 개념만 받아들이자. 그런데 이런 여자는 어딜 가도 조용하다. 나 아닌 어느 남자를 만났어도 항등녀로 살았을 것이다. 항등녀는 누굴 만나도 항등녀이다. 덧셈에서 3의 항등원은 0이다. 5의 항등원도 0이다. 그래서 항등원은 '누구의'라는 말은 안 붙이고 그냥 '덧셈에서' 항등원이라고만 하면 된다. 이제부터는 "3의 항등원은 0이다."라고 말하면 최강하수로 몰린다. 위의 '보너스를 주는 덧셈'에서는 누가 항등원이 될까? −1과 몇몇 수를 보너스 덧셈 해보아라.

　항등원과 늘 같이 묻는 문제가 역원이다. 역원이란 반대되는 것을 말한다. 3의 반대는 −3이다. 또 한편 3의 반대는 $\frac{1}{3}$도 된다. 덧셈이냐 곱셈이냐에 따라 다르다. 즉, 반대가 된다는 말은 어떤 수를 연산했을 때 '항등원을 만드는수'라는 뜻이다. 예를 들어보면 덧셈의 세계에서 3에 −3을 더할 때 0이 되므로 3의 역원은 −3이 되고, 곱셈의 세계에서 3에 $\frac{1}{3}$을 곱할 때 1이 되므로 3의 역원은 $\frac{1}{3}$이 된다.

수직선 위에서 각점의 대칭점과 비슷한 개념이다. 따라서 역원이란 '각점 마다' 다르다. 3의 반대는 (덧셈기준으로) −3이지만 5의 반대는 −5이다. 역원에 대해 하나 더 알아둘 점은 역원은 쌍을 이룬다는 것이다. 무슨 말인고 하면, '나와 반대인 사람'이 나를 보면 나는 '그와 반대인 사람'으로 보일 것이다. 즉 역원은 보통의 경우 쌍쌍으로 존재한다. 덧셈 나라에서 3의 역원은 −3이지만, −3의 역원은 3이 된다. 위의 '보너스 덧셈'에서 5의 역원은 무엇일까? 좀 쉽게 말하면 5와 무엇을 짝지으면 기준점에 도달할까?

항등원과 역원은 꽤나 추상적인 것이기 때문에 덧셈 곱셈 이외의 연산에서 항등원과 역원을 자유롭게 찾아낸다면 그 사람의 수학 수준은 상당히 높은 편에 속한다. 제 5연산을 잘 다루는 사람은 대수학에서 성공할 가능성이 있는 수학 꿈나무이다.

7 산은 산이요, 물은 물이로다
-항등식

거리에서 싸움이 한판 벌어졌다. 내심 궁금하기도 하고 말려야 한다는 책임감도 들어서, 무시하고 빨리 가자는 친구의 손을 뿌리친 채 구경을 갔다. 옥신각신 하며 별로 대수롭지도 않을 일을 가지고 언성을 높이고 있었다. 주먹이 오가는 상황은 아니었으며 그저 둘 간의 자존심 싸움이었다. 아저씨 한 분이 싸움을 말리려는 듯, "아, 이제 그만들 혀. 둘 다 잘못했구면 뭘 그려."라며 끼어든다. 이 때 그 아저씨를 향해 날리는 당사자의 한 마디, "당신은 또 뭔데 나서?" 꿋꿋한 아저씨의 대답, "나? 나야 나지 뭐~내가 뭐 별거 있간?" 아, 이거다. 성철스님의 명언과도 같은 이 한 마디! 여기에서 나는 수학의 원리를 발견했다.

나는 　　　　　　　　이다.

　빈칸 속에 이런 저런 말을 넣어보자. "나는 「남자」이다."
이 문장은 맞는 문장일까? 남자에겐 맞고 여자에겐 틀린
문장이다. "나는 「학생」이다." 이 문장은 어떨까? 학생들에
게는 맞는 문장이고, 혹시나 이 글을 읽을 부모님이나 선생
님들께는 해당되지 않는 문장이다. 저 문장은 실제로 '나'
가 누구냐에 따라서 그리고 저 네모 속에 무슨 단어가 들어
가느냐에 따라서 참과 거짓이 결정된다. 하지만 저런 형식
의 문장에서 절대 틀릴 수 없는 만고 진리의 문장이 하나
있으니, 그것은 바로

나는 나다.

　이 문장은 남녀노소 국적 불문 어느 누구에게나 해당되
는 문장이다. 싸움에 끼어든 아저씨는 놀라운 경지에 이르
러 있었다! 이제 이것을 수학으로 돌려보자.

$$x = 　　　　　　$$

위의 식은 참으로 난감하다. 네모 속에 뭐가 들어가는지 x가 무엇인지 알지 못하는 상황이라면 참·거짓을 말을 할 수 없는 문장이다. 하지만 다음은 어떤가.

$$x = x$$

이 문장은 누가 뭐래도 맞다. 절대 틀릴 리가 없는 문장이다. 다음의 표를 보자.

x에 따라 맞기도 하고 틀리기도 하는 식	무조건 맞는 식
$x+2=4$	$x=x$
$x^2-9=0$	$x+3=x+3$
$x^2-7x+10=0$	$(x+2)^2=x^2+4x+4$

왼쪽과 같은 형태가 흔히 보는 방정식이다. 오른쪽 같은
형태, 즉 x에 무관하게 무조건 맞는 식은 항등식이라고 부
른다. 항등식은 우리가 많이 다루지만 잘 의식하지 못했던
친근한 존재이다. 아주 간단한 다음 문제를 제시하면서 항
등식의 소개를 마친다. 답은 스스로……

문제

• $2x-4=ax+b$라는 식은 틀릴 리가 없는 식이다.
  a, b의 값은?   (중1 수준)

• $4x-2=(a+b)x+(a-b)$이 x에 관계없이 무조건
  성립한다. a, b의 값은?   (중2 수준)

• $2x^2-axy-y^2+3x+1=(x-by+1)\times(2x+y+c)$이
  x, y의 항등식이다. a, b, c의 값은?   (고1 수준)

• $(a+b)x+(b-2c)y=(c-3)\times(x-1)$이 x, y에
  무관하게 무조건 성립한다. a, b, c의 값은?   (고3 수준)

• $(x-1)(x^2+1)p(x)=x^8+ax^2+b$가 항등 식일 때,
  a, b의 값은?   (풀이는 고2수준, 철학은 대3수준)

8 나 몇 살이게?
-절대부등식

오늘은 지난 시간에 말한 항등식과 비슷한 개념이 나온다. 이름하여 절대부등식! 스토리도 비슷하니 쉽게 읽을 수 있을 듯하다.

나는 종범이 보다 나이가 많다.

나는 찬호 보다 나이가 많다.

나는 승엽이 보다 나이가 많다.

나는 병현이 보다 나이가 많다.

내가 누구인지 모르니 어느 문장이 맞는지 알 수가 없다. 내가 이 글을 읽고 있는 10대 청소년이라고 하면

20~30대인 저들보다 나이가 많지는 않다. 따라서 틀린 문장이 된다. '나'를 40대인 동렬이라고 가정해보자. 그럼 저 문장은 모두 맞는 문장이다. 지금 30살인 어떤 사람에겐 몇 문장만 맞고 몇 문장은 틀린 것이 된다. 하지만 여기도 역시 만고 진리의 문장이 있으니,

나는 내 동생보다 나이가 많다.

오호~이 얼마나 놀라운 아이디어인가? 이 문장은 99% 맞는 문장이다. 무조건 맞아 보이는데 왜 99%냐고? 쌍둥이 동생은 동갑도 될 수 있다. 완벽하게 맞는 문장으로 바꿔보자.

나는 내 동생보다 나이가 많거나 같다.

이렇게 되면 절대 틀릴 리가 없는 부등식이 된다. 이런 게 절대 부등시이다. 지난 시간의 항등식처럼 무조건 성립하는 문장(식)이다. 둘의 이름을 좀 연관성 있게 지었으면

좋았을 텐데. 아쉽다. 여기서 잠깐 정리.

x에 따라 맞을 수도 틀릴 수도 있는 식	방정식	일반 부등식

(등호 있는 식) ↕   (부등호 있는 식) ↕

무조건 맞는 식	항등식	절대부등식

딱 들어맞지 않아 태클 걸릴 수도 있겠지만, 대략 만족스런 설명이다. 흠~. 절대 부등식의 몇 가지 예를 들어보면 다음 같은 것들이 있다.

x에 따라 맞기도 하고 틀리기도 하는 식	무조건 맞는 식
$x+3>4$	$x+1>x$
$x^2-9\geq0$	$x-2<x+3$
$x^2\geq x$	$x^2\geq0$

이해가 되는가? 마지막의 $x^2\geq0$은 당연한 이야기지만 아주 중요하니까 그 변형들을 다음에 설명하도록 한다.

$$x^2\geq0, \ (x+2)^2\geq0, \ (x-y)^2\geq0$$

위의 세 식이 모두 당연해 보이는가? 제곱이면 양수가 된다는 점을 생각해보아라. 배운 적 없다고? 제곱이란 같은 수를 두 번 곱한다는 뜻이다. 양수와 양수가 곱해지면 당연히 양수고, 음수와 음수가 곱해져도 놀랍지만 양수이다. 다만 0과 0을 곱하면 다시 0이니, 0보다 큰 것이 아닌 0보다 크거나 같은 것을 택한 것이다. 저들은 가끔 변신을 하여 사람을 혼란에 빠뜨린다.

$$x^2 \geq 0, \ x^2 + 4x + 4 \geq 0, \ x^2 - 2xy + y^2 \geq 0$$

이런 모양을 하고 나타나도 당황하지는 마라. 세 번째 식의 추가 변신을 우리를 더욱 놀라게 만든다.

$$x^2 + y^2 \geq 2xy$$

아직 끝이 아니다. 우리의 변신 괴물이 마지막 변신을 하면 그 형체를 알아보기 힘들어지고 아예 문제도 딴 나라 이야기처럼 새롭기만 하다.

문제 $a > 0$일 때, $a + \dfrac{1}{a}$이 가장 작아지면 얼마나 작아지겠는가?

답은 2이다. 왜 그런지는 각자 생각해 보아라.

학교에서 흔히 배우는 절대부등식은 위에서 소개한 것 외에 슈바르츠(Schwarz)의 부등식이 있다. 스승의 생일파티에서 출제된 문제를 풀기위해 부등식을 개발하였다고 하니 실로 스승의 은혜를 하늘과 같이 생각하는 사람이었나 보다. 그의 부등식은 보통

$$(a^2+b^2)(x^2+y^2) \geq (ax+by)^2$$

으로 나타내는데, $x^2+y^2=1$ 일 때, $x+y$의 최대 최소값을 구하는 데 쓸 수 있다. (최대값은 $\sqrt{2}$, 최소값은 $-\sqrt{2}$이고 이 문제는 도형이나 판별식을 이용해서 풀 수도 있다.) 벡터의 내적을 알고 있는 학생이라면 슈바르츠 부등식을 다음과 같이 이해할 수도 있다.

$$|\vec{A}||\vec{B}| \geq \vec{A} \cdot \vec{B}$$

또 하나의 유용한 절대부등식은 삼각부등식을 들 수 있는데,

$$|a| + |b| \geq |a+b|$$

로 나타낸다. 절대부등식은 고등학교 과정에서 잠깐 나왔다가 최대 최소값을 구하는데 몇 번 쓰이고는 사라진다. 따라서 학생들은 이들의 중요성을 많이 느끼지 못한다. 하지만 수준이 조금만 올라가면 미적분의 증명문제에서 절대부등식은 그야말로 절대적인 존재가 된다. 특히 삼각부등식을 안 쓰면 증명이 완전히 막힐 정도이니 그 용도는 실로 대단한 것이다. 이처럼 증명문제에서 막강한 힘을 발휘하는 절대부등식 삼총사는 증명을 꺼리는 학교수학의 현실 때문에 잠시 숨어 지내는 것이고, 그러면서도 그 중요성을 알려야 하기에 최대 · 최소 문제로 자신의 용도를 살짝 변경해서 지내는 것뿐이다. 숨어 지내는 거물급 인물에게 약간의 관심은 보여주는 것이 예의일 것 같다. 자, 그럼 절대부등식이 완전히 이해가 되길 바라며 오늘은 이만. 다음 시간부터는 새로운 3권 방정식 체험관으로 탐험을 떠날 터이니 여행가기 전날의 가벼운 마음으로 모여주시길~.

읽다보면 어느새 수학의 도사가 되는

정말 쉬운 수학책 2

펴낸날	**초판 1쇄 2007년 10월 9일**
	초판 4쇄 2017년 10월 25일

지은이	**이진우**
펴낸이	**심만수**
펴낸곳	**(주)살림출판사**
출판등록	1989년 11월 1일 제9-210호

주소	**경기도 파주시 광인사길 30**
전화	**031-955-1350** 팩스 **031-624-1356**
홈페이지	http://www.sallimbooks.com
이메일	book@sallimbooks.com

ISBN	978-89-522-0695-4 04410(2권)
ISBN	978-89-522-0693-0 04410(세트)